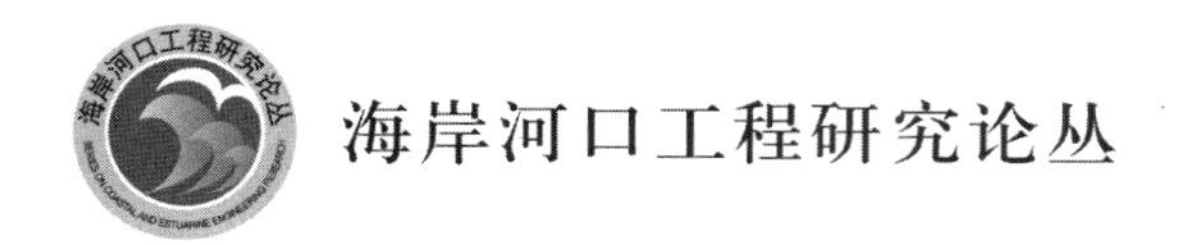

海岸河口工程研究论丛

黄骅港回淤研究

（2001—2007年）

侯志强　杨　华　苗士勇　张书庄　著

STUDY ON THE SILTATION
OF THE HUANGHUA PORT

内 容 提 要

本书是《海岸河口工程研究论丛》中的一本，主要内容包括粉沙质海岸界定及来源、自然条件、泥沙水力特性、泥沙运移特性、外航道骤淤量及原因分析、黄骅港外航道淤积的统计预报、外航道淤积量计算、整治工程的确定、波浪潮流泥沙数值模拟计算、黄骅港航道减淤整治措施的研究手段、黄骅港整治工程、黄骅港整治工程效果、黄骅港整治工程方案评价、结论共14部分。

本书可供海岸河口工程研究人员使用，也可供相关院校在校生学习参考。

图书在版编目(CIP)数据

黄骅港回淤研究 / 侯志强等著. ——北京：人民交通出版社，2013.1

ISBN 978-7-114-10225-7

Ⅰ.①黄… Ⅱ.①侯… Ⅲ.①港湾－回淤－研究－黄骅市 Ⅳ.①TV148

中国版本图书馆CIP数据核字(2012)第291254号

海岸河口工程研究论丛

书　　名：**黄骅港回淤研究**(2001—2007年)
著 作 者：侯志强　杨　华　苗士勇　张书庄
责任编辑：龙晓伟　赵瑞琴
出版发行：人民交通出版社
地　　址：(100011)北京市朝阳区安定门外外馆斜街3号
网　　址：http://www.ccpress.com.cn
销售电话：(010)59757973
总 经 销：人民交通出版社发行部
经　　销：各地新华书店
印　　刷：北京市密东印刷有限公司
开　　本：720×960　1/16
印　　张：12.25
字　　数：199千
版　　次：2013年4月　第1版
印　　次：2013年4月　第1次印刷
书　　号：ISBN 978-7-114-10225-7
定　　价：52.00元

序

海岸、河口是陆海相互作用的集中地带，自然资源丰富，是经济发达、人口集居之地。以我国为例，我国大陆海岸线北起辽宁省的鸭绿江口，南至广西的北仑河口，全长18000km；我国海岸带有大大小小的入海河流1500余条，入海河流径流量占全国河川径流总量的69.8%，其中流域面积广、径流大的河流主要有长江、黄河、珠江、钱塘江、瓯江等。海岸河口地区居住着全国40%左右的人口，创造了全国60%左右的国民经济产值，长三角、珠三角、环渤海等海岸河口地区是我国经济最为发达的地区，是我国的经济引擎。

人类在海岸河口地区从事经济开发的生产活动涉及到很多的海岸河口工程，如建设港口、开挖航道、修建防波堤、围海造陆、保护滩涂、治理河口、建设人工岛、修建跨（河）海大桥、建造滨海火电厂和核电厂等等，为了使其经济、合理、可行，必须要对环境水动力泥沙条件有一详细的了解、研究和论证。人类与海岸河口工程打交道是永恒的主题和使命。

交通运输部天津水运工程科学研究院海岸河口工程研究中心的前身是天津港回淤研究站，是专门从事海岸河口工程水动力泥沙研究的专业研究队伍。致力于为港口航道（水运工程）建设和其他海岸河口工程等提供优质的技术咨询服务，多年来，海岸河口工程研究中心科研人员的足迹遍布我国大江南北及亚洲的印尼、马来西亚、菲律宾、缅甸、越南、柬埔寨、伊朗和非洲的几内亚等国家，研究范围基本覆盖了我国海岸线上大中型港口及各种海岸河口工程及亚洲、非洲一些国家的海岸河口工程，承担了许多国家重大科技攻关项目和863项目，多项成果达到国际先进水平和国际领先水平并获国家及省部级科技进步奖。海岸河口工程研究中心对淤泥质海岸泥沙运动规律、粉沙质海岸泥沙运动规律和沙质海岸泥沙运动规律有深刻的认识，在淤泥质海岸适航水深应用技术、水动力泥沙模拟技术、悬沙及浅滩出露面积卫星遥感分析技术等方面无论在理论上还是在实践经验上均有很高的水平和独到的见解。中心的一代代专家们为大型的复杂的项目上给出正确的技术论证和指导，使经优化论证的工程方案得以实施。如珠江口伶仃洋航道选线研究、上海洋山港选址及方案论证研究、河北黄骅港的治理研究、江苏如东辐射沙洲西太阳沙人工岛可行性及建设方案论证、瓯江口温州浅滩围涂工程可行性研究、港珠澳大桥对珠江口港口航道影响研究论证、天津港各阶段建设回淤研究、田湾核电站取排水工程研究等等，事实证明这些工程是成功的。在积累的成熟技术基础上，主编了《淤泥质海港适航水深应用技术规范》、《海岸与河口潮流泥沙模拟技术规程》、《海港水文规范》泥沙章节、参编《海港总体设计规范》和《 核电厂海工构筑物设计规范》等。

本论丛是交通运输部天津水运工程科学研究所海岸河口工程研究中心老一辈少一辈专家学者多年来的水动力泥沙理论研究成果、实用技术和实践经验的总结，内容丰富、水平先进、科学性强、技术实用、经验珍贵，涵盖了水动力泥沙理论研究，物理数学模型试验模拟技术研究，水沙研究新技术、水运工程建设、河口治理、人工岛开发建设实例介绍等海岸河口工程研究的方方面面，对从事本行业的技术人员学习和拓展思路具有很好的参考价值，是海岸河口工程研究领域的宝贵财富。

本人在交通运输部天津水运工程科学研究院工作 20 年(1990—2009 年)，曾经是海岸河口工程研究中心的一员，我深得老一代专家的指导，同辈人的鼓励和青年人的支持，我深得严谨治学、求真务实氛围的熏陶、留恋之情与日俱增。今天，非常乐见同事们把他们丰富的研究成果、实践经验、成功的工程范例著书发表，分享给广大读者。相信本论丛的出版将会进一步丰富海岸河口水动力泥沙学科内容，对提高水动力泥沙研究水平，促使海岸河口工程研究再上新台阶有推动作用。希望海岸河口工程研究中心的专家们有更多的成果出版发行，使本论丛的内容越来越丰富，也使广大读者能大受裨益。

交通运输部科技司司长 赵冲久

2012 年 11 月

前　言

黄骅港位于渤海湾西南隅，大口河入海口北岸，西距沧州市约90km、黄骅市约45km，北距天津港112km，东距龙口港约280km，是我国西煤东运第二通道下海的专业港。始建于1997年，至2002年建成第一期工程，并试营运。建成初期，在大浪袭击下，外航道多次发生严重骤淤，并出现大范围疏浚土难挖段，使港口营运和建设面临困难，蒙受巨大经济损失。为了解决黄骅港一期建设中航道严重回淤问题，多家科研及设计单位开展了黄骅港泥沙淤积机理及整治方案研究，对于黄骅港航道回淤及其治理的研究至今仍未停止。

本书总结了从黄骅港一期建设开始至黄骅港整治工程结束这一时期（2001—2007年）的相关研究及成果，提供了粉沙质海岸航道回淤及整治研究的思路和方法，可为粉沙质海岸开辟航道的有关研究所借鉴。

本书第1章论述了粉沙质海岸的界定和来源；第2章简要介绍了黄骅港海域的自然条件；第3、4章论述了粉沙质泥沙基本水力特性和运动特性；第5章分析了黄骅港外航道泥沙骤淤的原因；第6章应用统计预报模型预测了黄骅港不同重现期的年淤积量和骤淤量，提供了一种统计模型的预报方法；第7章对航道淤积计算的理论公式进行了推导，并计算不同重现期的骤淤；第8章根据骤淤和年淤积的计算结果论述了满足不同整治效果防沙堤所需的长度和高度；第9章建立了波浪、潮流、泥沙数学模型论述了不同防沙堤布局下的不同重现期的淤积及减淤效果；第10章总结黄骅港航道减淤措施研究的方法；第11章介绍了黄骅港实施的整治工程；第12、13章从实测、理论分析、模型计算等多个角度论述了黄骅港整治工程之后淤积、水流、底质等各项指标的变化，并评价了整治方案；第14章总结了自黄骅港一期建设开始至黄骅港整治工程期间研究的主要结论。

本书在编写过程中，曹祖德研究员给予了大量帮助，在此表示诚挚的谢意。

由于作者水平有限，加之近年来对黄骅港泥沙问题有了进一步深入研究，书中内容不免有谬误和不当之处，敬请读者不吝赐教。

作　者

2013 年 4 月于天津塘沽

目　录

1 粉沙质海岸界定及来源

1.1 粉沙质海岸的界定

1.1.1 海岸型态

海岸工程中通常将海岸分为：基岩海岸、砂（砾）质海岸、淤泥质海岸和生物海岸四类，其中砂（砾）质海岸和淤泥质海岸统称平原海岸。

对港航工程建设而言，感兴趣的是泥质海床和砂质海床，这类海岸底质的可挖性好，易满足建港、辟航要求，但床质有一定活动性，港口、航道易发生淤积，对港航工程建设造成一定困难。

对于泥沙动床的平原海岸，以往以泥沙粒径为标准，早期将它分为泥质海岸和沙质海岸。当泥沙中值粒径 $d_{50}<0.05$mm 时为泥质海岸；当 $d_{50}>0.05$mm 时为沙质海岸。后来又进一步将海岸泥沙中值粒径 $d_{50}<0.03$mm 的海岸定义为淤泥质海岸；$d_{50}>0.1$mm 的海岸称为沙质海岸；而泥沙中值粒径介于 0.03～0.1mm 之间的海岸暂时无定名，但港航工程界常用粉沙质海岸来称呼这种海岸。

粉沙质海岸是以往海港工程建设不敢涉足的海区，因为该海区泥沙的活动性大，建港后航道极易发生骤淤。近年来，由于我国经济的飞速发展，不少粉沙质海岸地区也相继提出了建港辟航的要求，有些工程已经付诸实施。

我国漫长的海岸线上，散落分布着不少粉沙质海岸段，如辽东、冀北、冀东南、鲁北、苏北等地。科学定义和正确地划分泥沙海岸类型是研究海岸泥沙运动的基础。港航工程界定义和划分海岸类型时，是根据泥沙的物质成分、粒径组成、运移型态及其对港航工程冲淤影响等多种因素综合分析而定。动床泥沙海岸分为以下三种类型：

（1）淤泥质海岸：淤泥质海岸主要由江河携带入海的大量细颗粒泥沙，在波浪和潮流作用下输运沉积所形成，故大多分布在大河入海处的三角地带，称为平原型淤泥质海岸；另一部分由沿岸流搬运的细颗粒泥沙，在隐蔽的海湾堆积形成，称为港湾型淤泥质海岸。淤泥质海岸的主要特征为：滩面物质以粘性细颗粒泥沙为主，泥沙中值粒径很小（$d_{50}<0.031$mm），岸线平直，滩面宽阔坦缓，岸滩坡度在 1/2000～

1/500，波浪掀沙、潮流输沙是造成岸滩演变的主要过程，泥沙运移型态以悬移质为主，在沙源充沛、絮凝条件成熟的地区，也会出现“浮泥”现象。

(2)粉沙质海岸：泥沙平均中值粒径 d_{50} 介于 0.031 ~ 0.125mm 之间，泥沙起动流速小，沉降速度较大，海洋动力减弱后容易沉降，在海水中基本上不存在絮凝现象，引起泥沙运动的海洋动力是波浪和潮流的共同作用。泥沙运移型态十分复杂，既有悬移质，又有推移质，底部还有高浓度含沙水体层，泥沙活跃，在大风浪作用下，海床易发生大冲大淤，对海岸工程和港口航道构成极大威胁。但必须注意的是，在粉沙质海岸上，极细颗粒和有机成分的存在，对泥沙运动影响极大，0.031mm 以下的泥质颗粒成分越多，有机成分越高，该海岸的泥沙运动特性越接近于淤泥质海岸的泥沙运动，因此粉沙质海岸的床面泥沙粒径应同时符合以下两个条件：

$$0.031\text{mm} < d_{50} < 0.125\text{mm}$$

$$d_{40} > 0.031\text{mm}$$

(3)沙质海岸：滩面物质以松散无粘性沙为主，泥沙颗粒较粗(d_{50} <0.125mm)，岸滩坡度较陡，一般大于 1/500，从高潮线到低潮线泥沙颗粒逐渐变细，坡面逐渐变缓。引起泥沙运动的动力主要是波浪，滩面泥沙运动可分为破波带和近岸带两个区域。破波带内有纵向沿岸输沙和横向泥沙运动，泥沙运动型态既有悬移质，又有推移质。近岸带的泥沙运动型态则以推移质为主。

为了定义和确定海岸类型，需要在海滩上底质采样和室内分析，采样的范围：在垂直岸线方向宜从 0m 等深线到外海 -18m 等深线，在平行岸线的方向宜以工程为中心向两侧伸展 15km 左右，采样点距离以 1 ~ 1.5km 为宜，取样深度可根据海床冲淤变化速率大小选取，对于基本冲淤平衡的海岸取 1.5 ~ 2.0m 柱状样即可。

1.1.2 海岸分类及泥沙分类的关系

港航工程界将泥沙海岸分为淤泥质海岸、粉沙质海岸和沙质海岸，泥沙分类中将泥沙分为粘土、粉沙和沙三类，也有不同领域内的不同专门用语，二者虽有相同处，但概念不一样，不可混淆，也不能等同。

在泥沙中，目前我们常用两种分类法，一种是地学中根据泥沙塑限、液限等指标将泥沙按颗粒大小分为粘土、粉沙和沙三大类，其中有的还进一步细分为 13 类。另一种是工程泥沙界根据泥沙水动力物性(沉降、起动和输移)按有无絮凝将泥沙分为粘性沙和非粘性沙两类，并采用不同的研究方法。絮凝的分界线约为 0.01 ~ 0.03mm。泥沙分类见表 1.1-1。

海岸类型与泥沙分类对照表　　表 1.1-1

海岸类型	粒径范围(mm)	细分类	分类	按粘性分类
沙质海岸 $d_{50}>0.125$mm	1.00～2.00	极粗沙	沙 (0.062～2.00)	非粘性沙
	0.50～1.10	粗沙		
	0.25～0.50	中沙		
	0.125～0.25	细沙		
粉沙质海岸 0.031mm≤d_{50}≤0.125mm	0.062～0.125	极细沙		
	0.031～0.062	粗粉沙	粉沙 (0.004～0.062)	
淤泥质海岸 $d_{50}<0.031$mm	0.016～0.031	中粉沙		粘性沙
	0.008～0.016	细粉沙		
	0.004～0.008	极细粉沙		
	0.002～0.004	粗粘土	粘土 (0.00024～0.004)	
	0.001～0.0002	中粘土		
	0.0005～0.0010	细粘土		
	0.00024～0.0005	极细粘土		

港航工程界将海岸分类的泥沙中值粒径定义在 0.031mm 和 0.125mm。海床平均中值粒径小于 0.031mm 的海岸称为淤泥质海岸，相当于第一种泥沙分类中的粉沙以上的泥沙，也相当于按粘性分类中的粘性沙；海床平均中值粒径大于 0.125mm的海岸称为沙质海岸，相当于第一种泥沙分类中的细沙以下的泥沙，也相当于按粘性分类中的非粘性沙；海床平均中值粒径在 0.031～0.125mm 之间的海岸称为粉沙质海岸，这类海岸的泥沙中值粒径当于第一种泥沙分类中的粗粉沙和极细沙，也相当于按粘性分类中的非粘性沙(表 1.1-1)。

由表 1.1-1 知，海岸分类于泥沙分类既有相同处，也有不同之处，不能用泥沙分类来定义海岸类型，也不能用海岸定义来概括泥沙类型。不同工程需要和不同科学特点提出不同分类方法，有其自身的要求，不一定非统一不可。

1.2　黄骅港海岸的成因

大口河海岸是旧黄河河口遭废弃后，经 800 年左右的侵蚀、后退及破坏，才成今日之面貌。河口废弃破坏有两种情况：一是在弱潮海岸(平均潮差 <2m)，海岸废弃破坏的主要动力是波浪，其演变规律经历“青年期”、“壮年期”和“老年期”等阶段，最终破坏作用终止。这是遵照波浪动力及其泥沙运动规律产生的破坏演变过程；二是在强潮或潮汐作用较强(包括部分中等潮情况)的地区，废弃破坏的主

要动力是潮流,改造破坏的最终结果是形成喇叭状河口及其口内外放射状沙脊堆积体,这是按照潮汐作用活动的规律,产生的地形结果。大口河海岸平均潮差>2m,冬季又受波浪作用的重要影响,故大口河海岸的废弃侵蚀破坏受潮汐和波浪的双重作用,其地貌特点为:(1)有残留堡岛及半珠状堡岛链出现;(2)形成大片近岸或内陆架侵蚀残留浅滩;(3)大口河水道呈喇叭形状,-2~-10m等深线呈锯齿状,即水下有许多(潮流)侵蚀的沟脊。这些特点表明,大口河的废弃破坏,主要是波浪作用的结果,但潮流的侵蚀及搬运泥沙和对地形塑造的作用也不可忽视。这些特点表明:大口河海岸的废弃破坏,已进入“老年期”,即海岸已渐趋于稳定。破坏的最终结果是在口外形成大面积以粉沙为主的残留浅滩。大口河-5m以浅的浅滩区,均可视为具有(侵蚀后退)残留浅滩性质,它主要是波浪作用的产物,以粉沙物质为主,厚度不大(<0.5m),沉积地质学称它们为“沙席”,即像一张“沙席”似的平铺于海底。大口河的粉沙质泥沙就是这样形成的。

2 自 然 条 件

2.1 地理位置

黄骅港位于渤海湾西南隅,大口河入海口北岸,西距沧州市约90km、黄骅市约45km,北距天津港112km,东距龙口港约280km,是我国西煤东运第二通道下海的专业港(图2.1-1)。2001—2003年港口航道平面如图2.1-2所示。

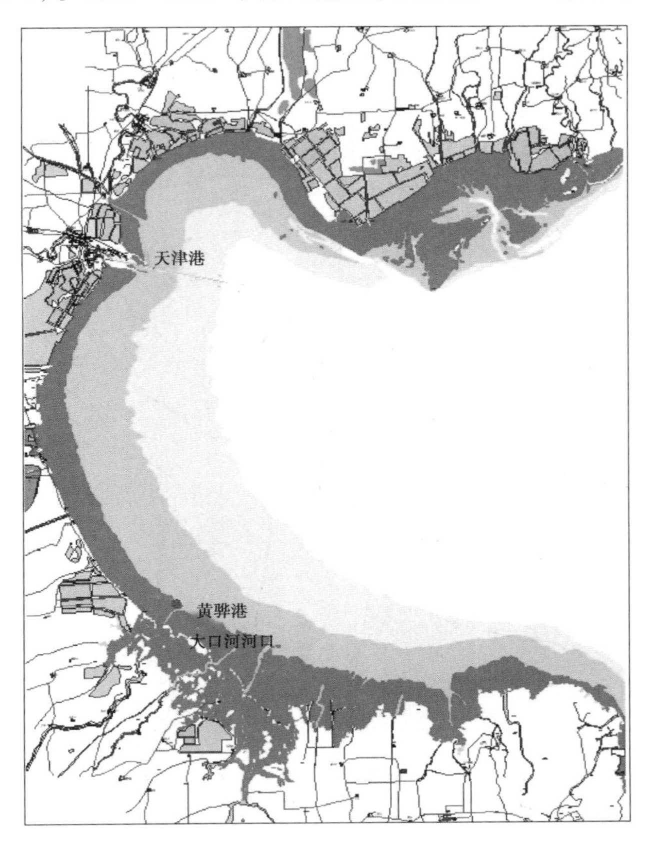

图2.1-1 黄骅港地理位置示意图

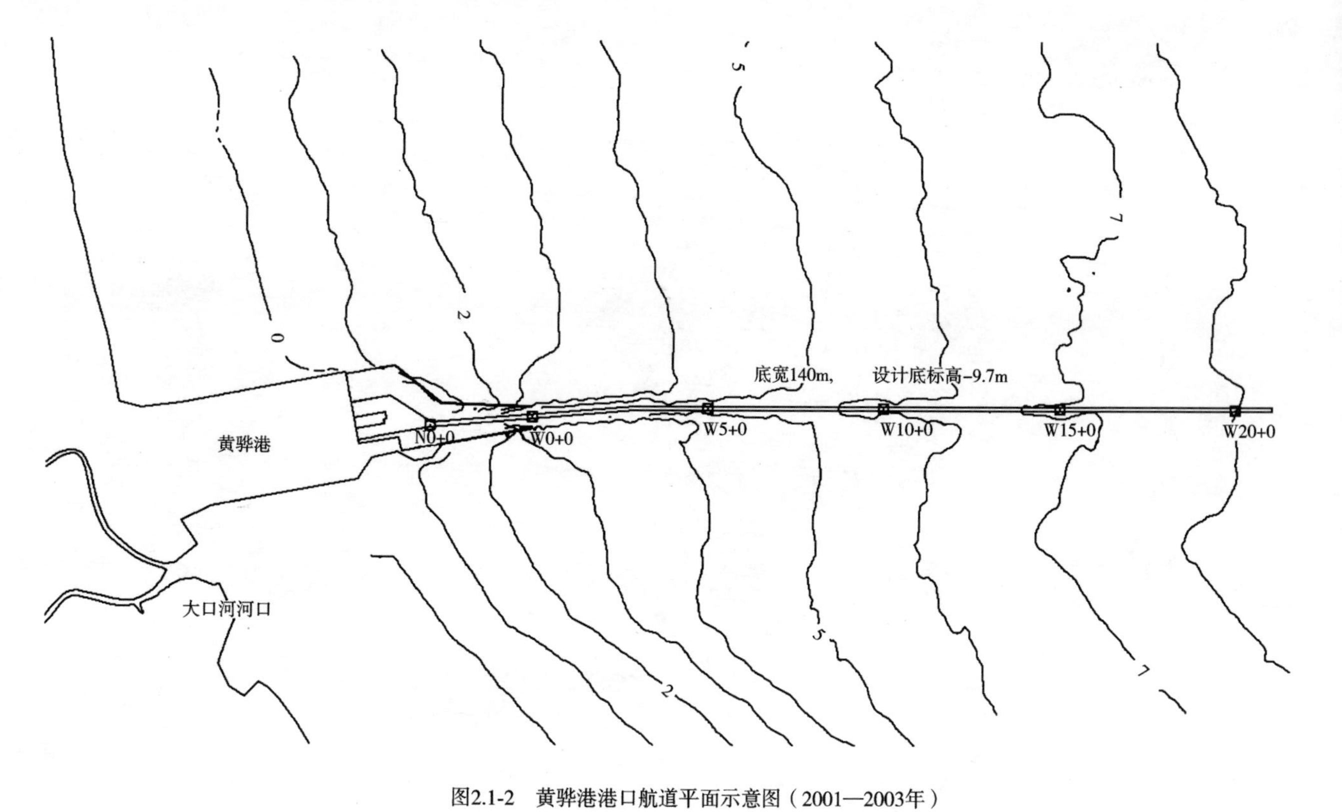

图2.1-2 黄骅港港口航道平面示意图（2001—2003年）

2.2 风况

利用黄骅港新村气象站1991年1月—2002年12月12年的风速、风向资料进行整理。该气象站位于大口河河口3000吨级码头，昼夜24小时连续观测，风速感应器距地面高为9m，图2.2-1为气象站位置。

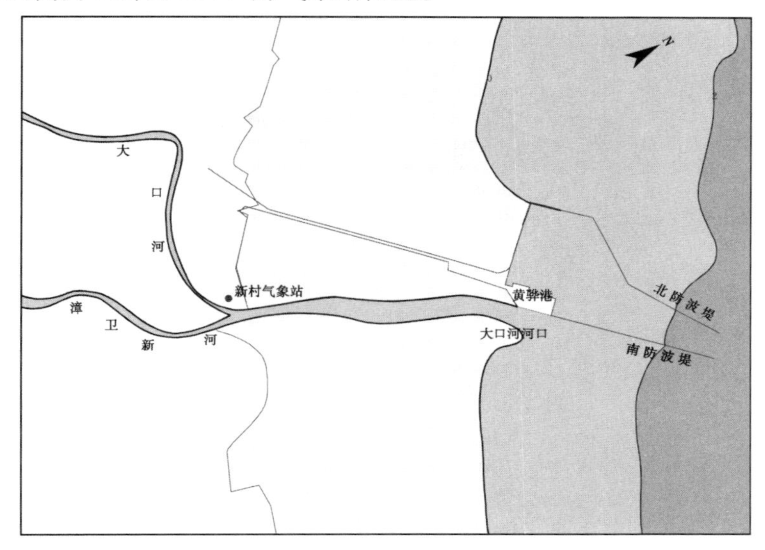

图2.2-1 黄骅港新村气象站位置图

利用2002年全年风况资料整理成图2.2-2。

由资料分析可知，黄骅港地区全年以E、SW向风最多，S、NE向风次之，WNW向风出现的频率最少。大于6级大风的风向主要为NE~E向，出现频率为68.7%。从月季变化来看，夏、冬两季大风出现的次数较低，分别占全年的12.6%，秋季大风次数开始增多，大风出现次数占全年的22.6%，春季大风出现次数最多，占全年的52%。强风向为NE~E向，与航道夹角为14.5°~30.5°，外航道每次出现骤淤均是由这一风向造成。

(1)大风天年际变化特征

据1991—2002年12年较为完整的资料统计，本地区大于6级风连续作用4小时以上的大风天出现次数有明显的年际不等现象，大风天出现次数呈波浪状，变幅较大。

(2)大风天年内分布特征

从1991—2002年12年大风天月季变化来看，出现6级以上大风夏、冬两季的次数较低,均占全年的 12.6%,春秋两季大风次数增加,分别占全年的 52% ~22.6%,8 级以上大风春、夏两季出现次数分别占全年的 11% 和 6%,春、秋两季分别占全年的 56% 和 27%。春、秋两季是黄骅港大风出现频率较高季节,也是外航道出现严重骤淤的主要季节。

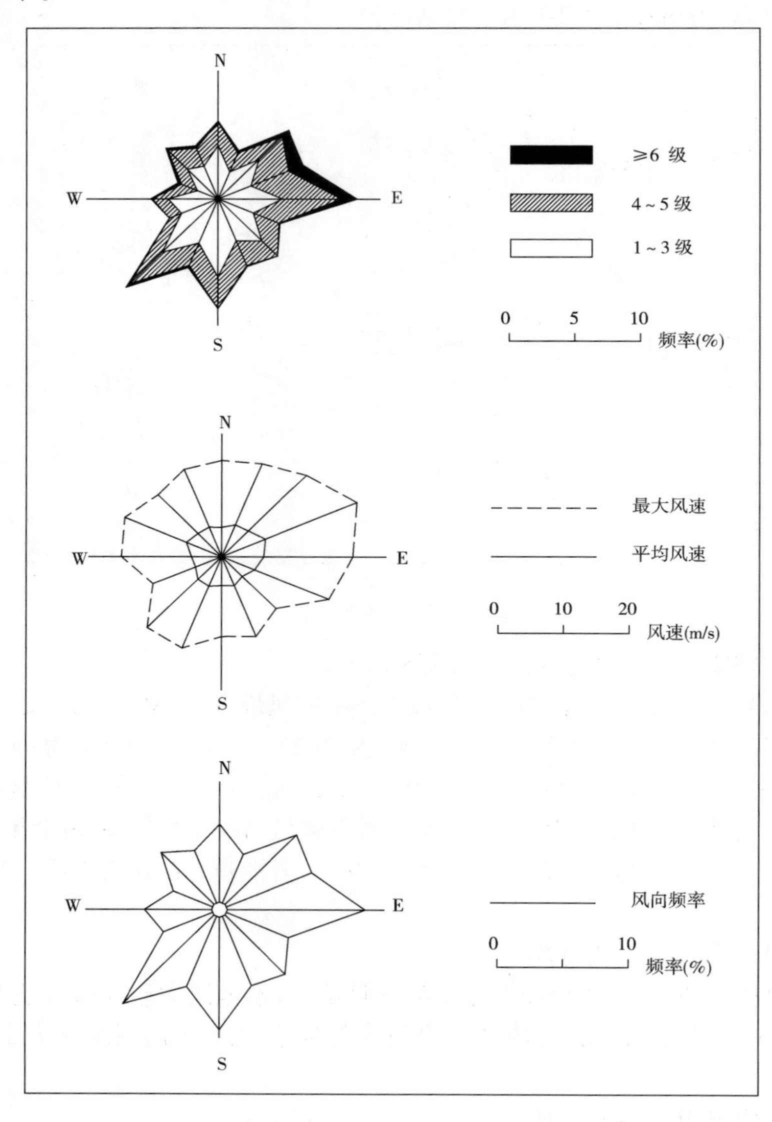

图 2.2-2　黄骅港 2002 年风玫瑰图

(3)各级各向大风分布特征

据12年间252场大于6级以上大风资料统计,本地区E向大风出现频率高,ENE、NE次之,其出现频率分别为38.5%、18.3%和11.9%。12年间无S向大风。SE、SSE、SSW、W向大风出现频率较低,出现频率均小于1%。就本港区岸线走向(SE)而言,NNE、NE、ENE、E、ESE向为向岸风,占大风天的76.6%,其中E、ENE、NE三个方向出现的频率达到68.7%,为主要大风来向。7级以上大风E、ENE、NE三个方向出现的频率为70.2%,8级以上大风E、ENE、NE三个方向出现的频率为72.7%,9级以上大风E、ENE、NE三个方向出现的频率为100%,外航道每次出现严重骤淤均为这一方向造成(图2.2-3)。

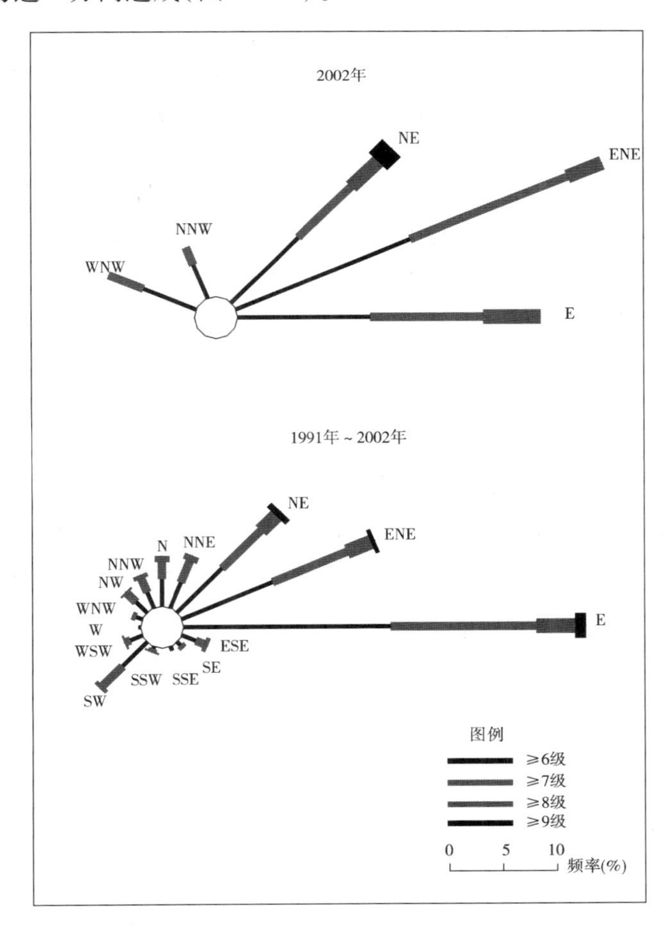

图2.2-3 黄骅港1992—2002年各年各向各级大风出现频率图

2.3 潮汐

黄骅港潮汐型态数为0.64,属不正规半日潮,平均高潮位为3.58m,平均低潮位为1.28m,平均潮差为2.30m,平均海平面为2.40m。潮位有明显的月季变化,1月份最低,7月份最高。冬春两季与年平均状况相比,月平均海面平均低0.14m,夏秋两季与年平均状况相比,月平均海面平均高0.14m。

2.4 潮流

1)潮流性质

根据1985—2002年多次水文实测资料的准调和分析,各站潮流型态数均小于0.5,表明本海区潮流属规则半日潮型。-1.0m等深线以外各站的椭圆率一般为0.2~0.5,均为正值,表明各站的流速矢量都按逆时针方向旋转。

2)潮流的特征及平面分布规律

从1987—2001年大范围水文测验分析,黄骅海区潮流流速较小,涨潮潮段平均流速在0.29~0.42m/s之间,流向为240°~300°;落潮潮段平均流速在0.25~0.37m/s之间,流向为46°~97°;涨潮最大流速在0.50~0.79m/s之间,流向为233°~282°;落潮最大流速在0.31~0.53m/s之间,流向为44°~92°,涨潮流速大于落潮流速。从平面分布趋势看,外海流速大于近岸流速。涨潮平均时间5:40,落潮平均时间6:30。

3)潮流的垂线分布

黄骅海区潮流垂线分布表现为中层流速最大,底层流速最小。从1985年、1987年和2001年三次水文测验实测资料统计,底层流速一般为垂线平均流速的75%左右。表2.4-1列出了2001年实测底部流速与垂线平均流速的情况。

各测点潮段平均流速表 表2.4-1

项目		1# (N-2.5m)	2# (N-5.0m)	3# (N-8.0m)	4# (S-2.5m)	5# (S-5.0m)	6# (S-8.0m)
涨潮段	垂线平均流速	0.37	0.41	0.42	0.30	0.38	0.36
	平均流向(°)	247	264	269	240	248	253
	平均底层流速(m/s)	0.27	0.32	0.32	0.26	0.32	0.27
落潮段	垂线平均流速	0.26	0.37	0.36	0.27	0.35	0.35
	平均流向(°)	60	90	88	45	84	84
	平均底层流速(m/s)	0.22	0.28	0.26	0.21	0.27	0.22

4）建港工程对局部流场的影响

从现场水文测验的结果分析，黄骅港海区 -2.5m 等深线以外潮流场基本没有发生变化，但局部区域由于工程的影响发生了较大变化，具体表现在以下几个方面。

（1）黄骅港防波堤口门外海区流场的变化

根据2002年3月26日口门处水文测验资料分析，在低平潮开始的2小时内，在口门处产生自南向北的横流，口门外200m航道内垂线上最大流速为0.76m/s，流向276°，相应的南、北两侧浅滩最大流速分别为0.80m/s和0.84m/s，流向分别为252°和280°；口门外700m航道内垂线上最大流速为0.54m/s，流向286°，相应的南、北两侧浅滩最大流速分别为0.66m/s和0.74m/s，流向分别为318°和320°，航道两侧浅滩处流速大于航道内流速；口门内500m航道内最大流速为0.40m/s，流向260°，南侧浅滩最大流速为0.12m/s，流向92°，而北侧浅滩最大流速为0.70m/s，流向234°，表现为涨潮时段口门内存在逆时针环流，涨潮水体主要通过北侧浅滩进入港内。在高平潮前后1小时，在口门外产生自北向南的横流，口门外200m航道内垂线上最大流速为0.68m/s，流向184°，相应的南、北两侧浅滩最大流速分别为0.64m/s和1.12m/s，流向分别为124°、116°；口门外700m航道内垂线上最大流速为0.60m/s，流向150°，相应的南、北两侧浅滩最大流速分别为0.76m/s和0.86m/s，流向分别为148°、106°，航道两侧浅滩处流速大于航道内流速，横流的产生会对船舶航行带来一定影响。

（2）沿堤水流的产生

据2001年11月19日中潮型无风天实测资料表明，沿堤落潮平均水流流速大约为0.30m/s，南侧略大于北侧，说明在无风天气下，沿堤水流流速不大。

沿堤水流不仅和涨落潮有关，而且还与大风引起的风吹流和风浪引起的沿岸流有一定关系。在大风作用下，风吹流和风浪引起的沿岸流、河口内的增水引起下泄水体流速的增强与潮流叠加，沿堤流速应有所增加。现场测验分析结果表明，2003年3月21日在N向6级大风的影响下，北侧沿堤最大流速为1.04m/s，增大约50%，南侧无大风沿堤流实测资料。

2.5 波浪

黄骅港海区无长期波浪观测资料，1984年交通部天津水运工程科学研究所（以下简称天科所）在此外海 -5.0m 等深线处特设了一个临时波浪观测站，观测时间为1984年8—10月和1985年4—6月。由于该站设置时间短，资料少，不能完全代表该区的波浪特征。2003 年 11 月以后,天科所又在黄骅港海区 -5.0m 和 -7.0m水深处建立两个临时波浪观测站。在观测中,渤海石油 7 号平台测波站位于大口河测波站的北侧偏西方向 25km, -5m 等深线处,该站有 13 年的实测资料(1972—1984 年),每年中由于冬季(12、1、2 月)三个月受冰况影响停止观测,因而每年只有 3—11 月 9 个月的波浪资料。

黄骅港海区测波站与 7 号平台测波站同位于 -5.0m 等深线处,从大趋势看,两站位置相近,风区长度和海底地形坡度相近,因此,在黄骅港海区波浪资料不足的情况下,一直采用 7 号平台测波站波浪观测资料来进行设计和研究工作。

1)观测期间大口河波况特征

由 1984 年 8—10 月及 4—6 月份在 -5m 水深处实测资料统计,该区最大波高为 6.0m, $H_{1/10}$ 为 3.48m,发生在 1984 年 10 月 25 日,当时风速为 15m/s,E 向,高潮位。

由 5 个月的资料得出,平均波高为 0.6m,稍高于 7 号平台历年平均波高。

2)7 号平台资料统计分析

(1)年最大波高

据 13 年的资料统计,最大波高为 4m,最大周期为 9.2s,最大波高多出现 ENE 向,最大海况是 8 级。

(2)年平均波高

累年平均波高为 0.57m,平均周期为 2.7s,ENE 为平均最大波高向,该向累年平均波高为 0.97m,平均最大波高 2.17m,79 年平均波高最大,为 0.7m。

(3)风浪频率

由 13 年资料统计, $H_{1/10}$ 特征波浪下,E、ESE 向出现频率最大,为 8.6% 和 7.7%;W、WNW 向出现较少,频率为 2.0% 和 2.1%。0~0.9m 波高出现频率为 81.7%,1.0~1.9m 波高出现频率为 13.9%,2.0~2.9m 波高出现频率为 3.7%,大于 3.0m 波高出现频率为 0.4%,强浪向主要发生在 NE、ENE、E 向。

(4)涌浪频率

根据 7 号平台 13 年的波浪资料统计,本海区纯风浪频率为 71%,涌浪为主的混合浪频率为 29%,由此说明,本海区的波浪是以风浪为主,涌浪为辅。

3)建港工程前两站波浪比较分析

按大口河与 7 号平台波高取 0.5m 以上的同步实测资料,在 NE、ENE、E 三个不同方向进行了相关统计分析,两站测波基本相当,大口河略高于 7 号平台。从波高大于 2.0m 的同步实测资料分析,大口河高于 7 号平台(表 2.5-1)。

两站测波比较表　表2.5-1

观测时间	7号平台(-5.0m)$H_{1/10}$	大口河(-5.0m)$H_{1/10}$	风况
1984年10月25日08:00	2.5m	3.48m	E向 7~8级
1984年10月25日11:00	2.5m	3.41m	
1984年10月25日14:00	2.5m	3.78m	
1984年10月25日17:00	2.5m	3.24m	
1984年10月25日20:00	夜间缺测	2.81m	
1984年10月25日23:00	夜间缺测	2.34m	
1984年10月26日05:00	夜间缺测	2.45m	
1984年10月26日08:00	1.8m	3.16m	
1984年10月26日11:00	1.5m	1.5m	

2.6 底质

黄骅港滩面物质经历了由细到粗的变化过程,1985年-2m等深线以外平均中值粒径为0.012mm,为粘土质粉沙,粉沙为主,粘土占20%~50%;中潮位到-2m等深线平均中值粒径为0.036mm,为粉沙;大口河拦门沙平均中值粒径为0.051mm,为沙质粉沙。1995年及以后取样发现,-2m等深线以外滩面物质明显变粗。表2.6-1列出了1995年和2001—2003年航道两侧6km以内滩面物质平均中值粒径分布情况。

航道两侧各6km滩面泥沙平均中值粒径　表2.6-1

水深	区域	d_{50}(mm)				
		1995.11	2001.4	2002.4	2003.4	1995—2003
0~1.5m	北侧	0.0311	—	—	0.0336	0.0324
	南侧	0.0327	0.0455	—	0.0372	0.0385
1.5~2.5m	北侧	0.0293	0.0260	—	0.0272	0.0275
	南侧	0.0312	0.0356	0.0327	0.0277	0.0293
2.5~3.5m	北侧	0.0289	0.0369	0.0351	0.0174	0.0296
	南侧	0.0289	0.0365	0.0322	0.0209	0.0296
3.5~4.5m	北侧	0.0229	0.0371	0.0299	0.0161	0.0265
	南侧	0.0295	0.0404	0.0418	0.0239	0.0339
4.5~5.5m	北侧	0.0319	0.0255	0.0321	0.0136	0.0258
	南侧	0.0282	0.0387	0.0377	0.0233	0.0320

续上表

水深	区域	d_{50}(mm)				
		1995.11	2001.4	2002.4	2003.4	1995—2003
5.5~6.5m	北侧	0.0295	0.0319	0.0292	0.0204	0.0278
	南侧	0.0330	0.0386	0.0441	0.0256	0.0353
6.5~7.5m	北侧	0.0198	0.0384	—	0.0139	0.0240
	南侧	0.0319	0.0380	0.0342	0.0315	0.0339
7.5~8.5m	北侧	0.0164	0.0386	0.0274	0.0170	0.0249
	南侧	0.0292	0.0381	0.0370	0.0252	0.0324
8.5~9.5m	北侧	0.0164	0.0277	—	0.0105	0.0182
	南侧	0.0292	0.0245	0.0393	0.0228	0.0290
9.5~10.5m	北侧	0.0127	0.0207	0.0255	0.0114	0.0176
	南侧	0.0182	0.0170	0.0389	0.0142	0.0221
平均(0~10.5m)	北侧	0.0239	0.0314	0.0299	0.0181	0.0265
	南侧	0.0292	0.0353	0.0375	0.0242	0.0323

进一步对2003年4月大范围底质取样结果进行分析，发现自深水区向浅水区两条不间断的$d_{50}=0.03$mm和$d_{50}=0.01$mm等值线划分。宏观上将本海域划分为三个区：大于0.03mm等值线以南为I区，其$d_{50}=0.042$mm；0.03~0.01mm为II区，其中航道以南的$d_{50}=0.022$ mm，航道以北$d_{50}=0.017$ mm；小于0.01mm等值线以北为III区，其$d_{50}=0.007$mm。因此宏观上自南而北，自西向东滩面粒度由粗渐细的规律明显。

泥沙分选程度的区域分布，纵向上自南而北的泥沙分选程度差异不大。航道南北各20km范围按平行航道走向分为6个区域，其分选系数介于0.78~1.43之间，基本上同属分选好范畴。但相对而言，航道南侧好于北侧，其中又以距航道南侧12~20km区域泥沙的分选程度最好，航道南6~12km区域次之，再次为其他四个区。

横向上近岸浅水区泥沙分选程度优于其外。从黄骅港建设前的1995年及建港后的2001—2003年，航道南北两侧宽各5km滩面泥沙的平均分选系数看，自浅水区向深水区泥沙的分选程度也同属“好”的范畴，但相对而言，水深4.5m以内的平均分选系数为0.89，4.5~8.5m的平均分选系数为1.05，再向外为1.19。即随着水深增加泥沙的分选程度略有下降。从2003年大范围底质取样分析成果看，套儿河附近“分选很好”至“分选好”的区域可延伸至水深10m以外。黄骅港航道南北(特别是北侧),一般表现为"分选正常",其间自浅至深虽然也存在"分选好"的条状分布带($QD_{\phi}=0.64$),可能与抛泥影响有关。

对于1995年以后发生的滩面物质粗化,应与20世纪80年代中期以后两河(大口河和套儿河)来沙(主要为细颗粒)减少及黄河细颗粒泥沙难以达到本区有关。所以就目前的认识,1995年以来的滩面粗化是海区细颗粒泥沙来源减少,原滩面的细颗粒泥沙在波浪和潮流作用下的分选掀沙以及近岸粉沙外移扩散所致。

鉴于黄河入海口的人为控制,向北摆动的可能甚微,以及漳卫新河及套儿河回复到20世纪60—70年代的下泄径流量亦似不可能。因此,黄骅港近侧海区滩面的粒度,在目前较粗的情况下不太可能复转为细,除非黄骅港两侧滩面粗颗粒层的厚度十分有限(如仅数厘米)。

2.7 含沙量

自2000年以来已积累了大量的实测含沙量资料,2001年11月—2002年5月,进行了3个月的含沙量巡测工作(在6级以上大风风后24小时内观测)。2003年3—5月进行了2个月的含沙量观测。从观测结果分析含沙量分布有如下特征。

1)航道沿程含沙量分布特征

从2001年11月—2002年5月份观测结果来分析(表2.7-1),口门以外实测最大含沙量为1.32kg/m³,最小含沙量为0.10kg/m³。口门以外W0+000~W10+500段含沙量最大,内航道次之,港池最小。在6级大风情况下,口外W0+000~W10+500段水域含沙量变化很小,呈均匀分布,含沙量在0.81~0.57kg/m³范围内。5级风情况下,W0+000~W10+500段含沙量在0.55~0.45kg/m³范围内,W5+000~W12+000段含沙量在0.45~0.25kg/m³范围内。小于5级风情况下,W0+000~W12+000段含沙量在0.32~0.24kg/m³范围内,沿程没有明显差异。5级风和小于5级风情况下W5+000以外水域含沙量趋于相同。

2001年11月港区水域含沙量分布(单位:kg/m³)　　表2.7-1

风况	港池	内航道	W0+0(-3m)	W1+5	W3+0	W4+9(-4m)	W6+8	W8+6(-5m)	W10+5	W12+3(-6m)
8级风后	0.95	1.07	1.20	1.14	1.18	1.19	1.16	1.12	1.13	1.10
6级风后	0.37	0.62	0.81	0.65	0.65	0.63	0.64	0.60	0.57	0.42
5级	0.22	0.39	0.55	0.58	0.49	0.45	0.33	0.31	0.27	0.25
小于5级	0.07	0.13	0.28	0.28	0.29	0.32	0.32	0.28	0.26	0.24

2003年3—5月,实测平均最大含沙量为1.65kg/m³,发生在W1+400处,大

于 6 级风况天气下,W1 +400 ~ W3 +000 段含沙量相对较大,小于 6 级风况天气下,航道沿程含沙量分布相对较均匀(见表 2.7-2)。

2003 年 3—5 月航道沿程含沙量分布(单位:kg/m^3)　　表 2.7-2

风况	位置	W0 +0 (-3m)	W1 +4	W3 +0	W6 +7 (-4m)	W8 +6	W10 +0	W12 +3 (-6m)	W13 +7
小于 6 级	南滩	0.78	1.22	1.41	0.92	0.78	0.98	0.75	—
	北滩	—	1.65	1.47	0.87	0.98	0.96	0.75	—
5 ~6 级	南滩	—	0.55	0.52	0.63	0.63	—	—	—
	北滩	—	0.54	0.57	0.56	0.63	—	—	—
小于 5 级	南滩	0.51	0.53	0.48	0.56	0.51	0.66	0.62	0.53
	北滩	0.71	0.45	0.48	0.60	0.60	—	—	—

2)航道沿程含沙量垂线分布特征

在 6 级风况下,滩面和底层平均含沙量为 4.6kg/m^3,垂线平均含沙量与滩面和底层平均含沙量比值为 1:1.77,表层平均含沙量与滩面和底层平均含沙量比值为 1:2.16;6 级风后,滩面和底层平均含沙量为 3.6kg/m^3,垂线平均含沙量与滩面和底层平均含沙量比值为 1:3.22,表层平均含沙量与滩面和底层平均含沙量比值为 1:4.83,上下层的梯度明显增大;5 级风下,滩面和底层平均含沙量为 1.3kg/m^3,垂线平均含沙量与滩面和底层平均含沙量比值为 1:2.52,表层平均含沙量与滩面和底层平均含沙量比值为 1:3.12,上下层含沙量有一定的变化(图 2.7-1)。

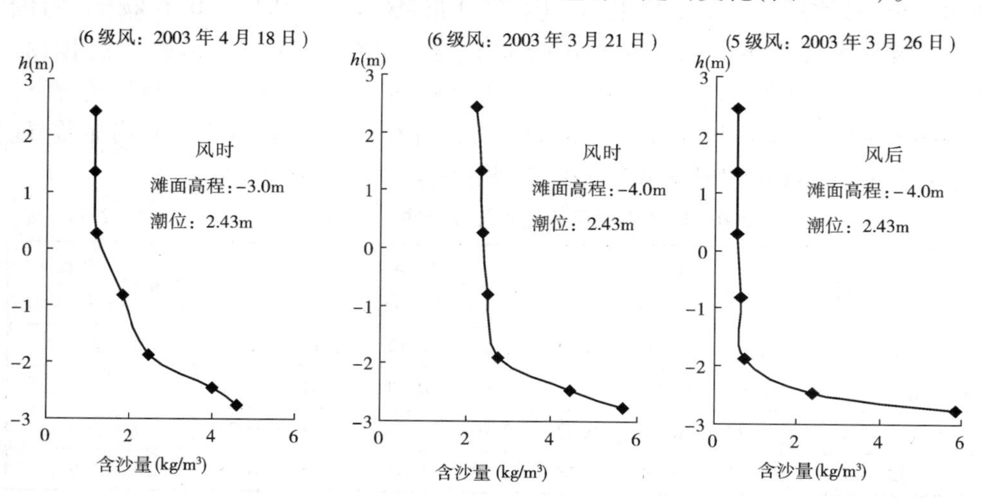

图 2.7-1　6 级风况含沙量垂线分布

从现场观测的含沙量垂线分布结果分析，在6级大风作用下，底层明显存在大于5kg/m^3 高浓度含沙层，厚度不大。

3）底部高浓度含沙水体层

在特殊大风情况下，2003年4月17日和5月7日现场均观测到底部高浓度含沙水体的存在，含沙量与风有很好的对应性，最大含沙量出现在风后期，4月17日底部平均最大含沙量为40kg/m^3，10月7日为20 kg/m^3，含沙量大于10 kg/m^3 的水体厚度小于1.5m，风后含沙量衰减较快，风后16小时底部含沙量衰减至1 kg/m^3 左右（图2.7-2）。

4）遥感卫星图片反映的含沙量平面分布情况

利用美国陆地卫星LAMDSAT5TM和LANDSA7ETM遥感图像。时间覆盖范围为1999年1月—2002年12月。这些资料中气象和潮流条件分别包括了大风天、无风天、大中小潮及涨落潮情况，具有较好的代表性。

（1）不同风况下悬沙浓度及分布特征

悬沙浓度大小及分布受风向及风速的影响很大，对于南向和西南向的中小风天气而言，港内及其附近海域的含沙量都比较小，-2m等深线以外普遍在0.1 kg/m^{3}以下，在口门附近最大不超过0.5 kg/m^3，即使在口门以内平均含沙量也达到了0.4~0.5 kg/m^3。

（2）含沙量在航道上的空间分布

在航道上，口门处含沙量不是最大，而在W1+000~W10+000航道段比较大，W10+000以外趋于减小。口门处含沙量为0.54 kg/m^3，W1+000~W10+000航道段平均含沙量在0.58~0.63 kg/m^3，W10+000以外平均含沙量小于0.48 kg/m^3。

（3）南、北防波堤两侧

在比较强的风浪作用下，南、北防波堤两侧总能出现悬沙浓度较大的情况，尤其在套尔河河口附近往往出现整个研究区域的最大含沙浓度。从平面分布来看，黄骅港附近的海岸带形成了一条宽度不等的悬沙分布带，以其南、北防波堤为界。南防波堤南侧的悬沙分布带比北防波堤北侧明显要宽，两侧含沙量基本相当，平均含沙量在0.7 kg/m^3 左右，比外航道略高（图2.7-3）。此外，从遥感图像中可以看出这些在近岸风浪作用下形成的高含沙水体随着防波堤一直扩散到口门~外航道。在相当多的情况下，特别是风浪较大时，沿堤流挟带泥沙越过口门形成尺度比较大的环流或绕流，影响范围直径大者可达10km左右。

（4）含沙量的时间分布

根据遥感资料分析结果，冬季与夏季含沙量分布有较大区别。在冬春季节，即使在风速不太大的条件下，海域含沙量（特别是渤海湾南侧）都比较高。夏季含沙

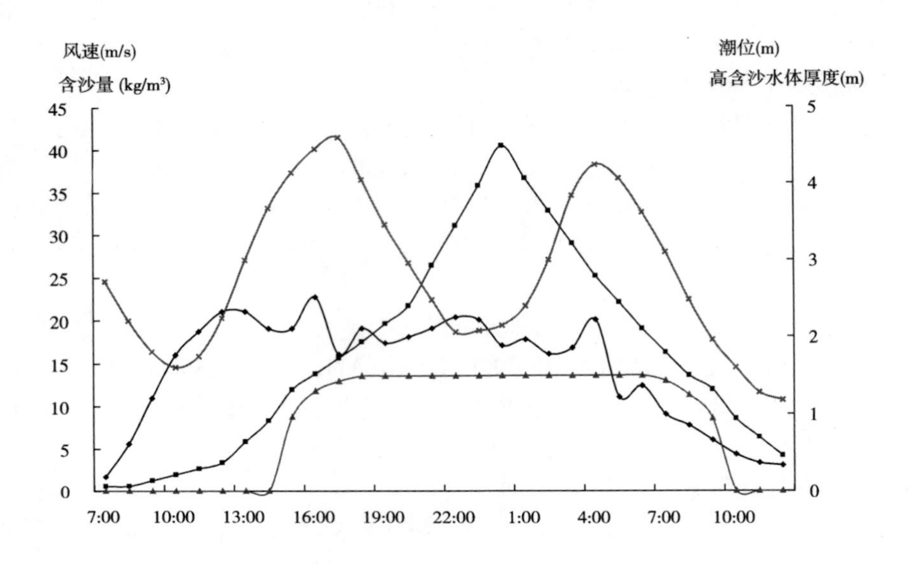

2003年4月17—18日大风期底部高含沙水体过程线

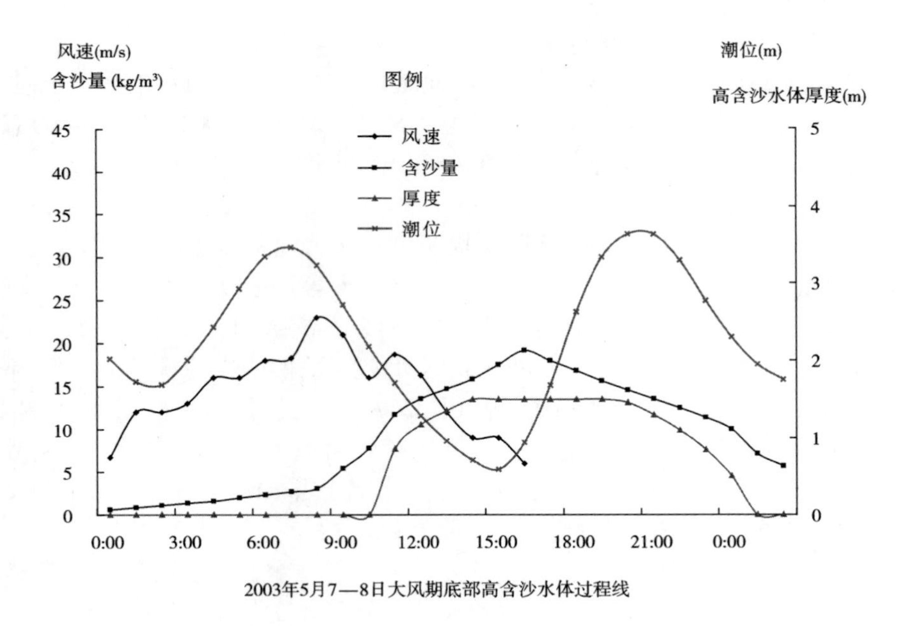

2003年5月7—8日大风期底部高含沙水体过程线

图 2.7-2　底部高含沙水体过程线

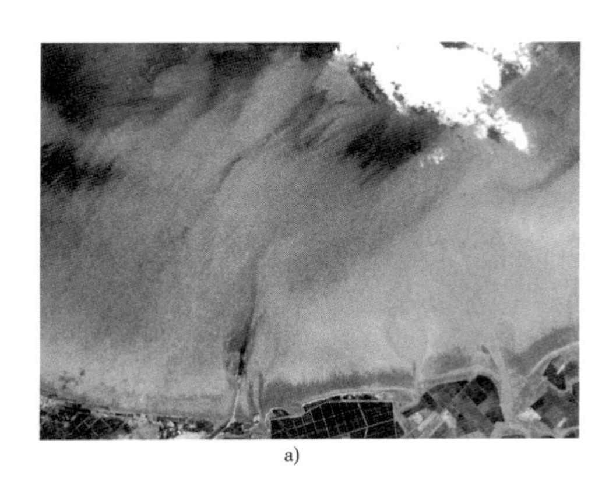

a)

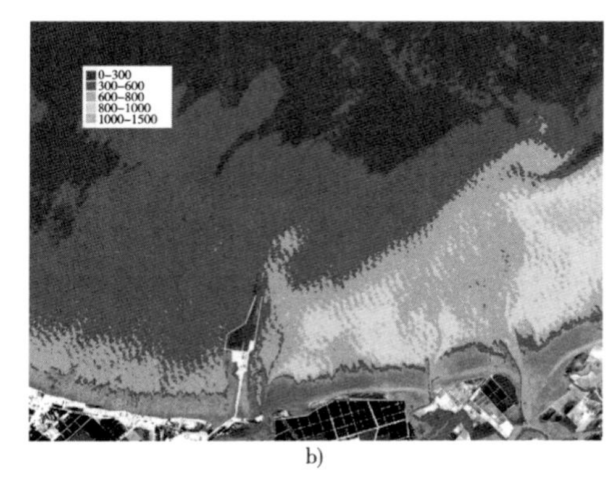

b)

图 2.7-3　2002 年 10 月 22 日卫星图像和悬沙分布图

量比较低，这可能与风浪和水体的温度有关。在冬春季节当地风速较小的情况下，海域中可能仍存在一定的风浪作用，造成海域冬季含沙量普遍比夏季高。水温影响泥沙的沉速，冬季水温低，泥沙沉速慢，夏季水温高，泥沙沉速快。

3　泥沙水力特性

泥沙的水力特性包括多方面,在这里主要介绍泥沙起动、沉降、沉积和挟沙力几方面特性。

3.1　试验设备

周期往复流在自然界中广泛存在,如波浪、潮流。周期往复流的泥沙运动是泥沙运动学中亟待解决的重大课题,难度极大,最大难度是缺乏有效的试验设备。

旋转环形水槽可模拟无限长水槽的水流、泥沙运动,设备简单、容易制造、使用方便,是目前试验细颗粒泥沙运动基本水动力特性的有效工具。下面对该设备进行简单介绍。

3.1.1　*旋转环形水槽发展概况*

早在20世纪60年代,美国Partheneiades在麻省理工学院研制了世界上第一台旋转环形水槽,随后又在美国佛罗里达大学做了进一步改进,利用该设备在研究细颗粒泥沙基本水动力特性方面取得较大进展。日本港湾技术研究所、英国Wallinford水力研究所相继建造了环形水槽,开展了粘性细颗粒泥沙水力特性的试验研究。

各国已建旋转环形水槽尺度表　　表3.1-1

水槽单位	外径(cm)	槽宽(cm)	槽深(cm)
美国佛罗里达大学	162	20	46
日本港湾技术研究所	155	15	46
中国水电科学院泥沙研究所	174	24	30
中国河海大学	150	21	41
中国杭州大学	73	30	33
中国交通部天津水运工程科学研究所(第一座水槽)	164	24	60
中国交通部天津水运工程科学研究所(第二座水槽)	200	20	60

我国杭州大学、水电科学院泥沙研究所、河海大学分别于20世纪70年代和80

年代也相继研制了旋转环形水槽，1985 年，交通部天津水运工程科学研究所总结国内外已建旋转环形水槽的优缺点也修建了一座旋转环形水槽，1999 年又对该设备做了进一步改进（表 3.1-1）。

3.1.2　基本结构

图 3.1-1 是天科所第一座旋转环形水槽的结构图。

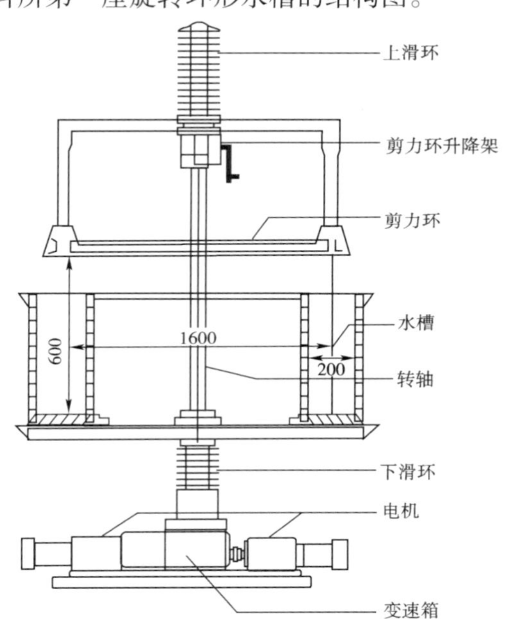

图 3.1-1　环形水槽基本结构

3.1.3　主要工作原理

1）削弱离心力的原理与设施

在环形槽的弯曲水流中，离心力是不可避免的，如何削弱离心力的影响成为旋转环形水槽成败的关键。

设在环形水流的自由水面上附加一个不均匀压力 $P_0(r)$，其值自环形槽中心沿半径向外增加，此时，水流中任一泥沙颗粒在水平上受到两个力的作用，一个是环形水流的离心力 F_r，指向外，另一个是水面附加压力的梯度所产生的水压差 F_p，指向内，如图 3.1-2所示。

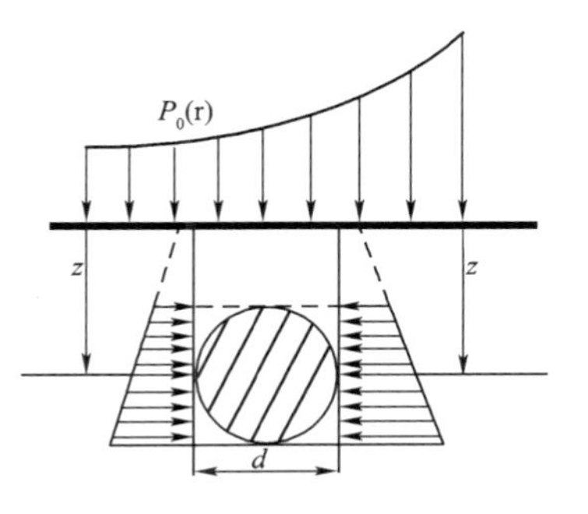

图 3.1-2　水中沙受力示意图

环形水流离心力 F_r 可用下式表示：

$$F_r = \frac{\alpha_1 \rho_s}{6} \pi D^3 r \omega^2 \tag{3.1-1}$$

表面压力梯度形成的水压差 F_p 可用下式表示：

$$F_p = \frac{\alpha_2 \rho_w \pi D^2}{4} \frac{\mathrm{d}p_0}{\mathrm{d}r} D \tag{3.1-2}$$

式中：D 为泥沙颗粒直径；r 为泥沙颗粒与环形弯道中心的距离；ω 为环形槽旋转角速度；ρ_s 为泥沙密度；ρ_w 为水密度；α_1、α_2 为泥沙球体、球面系数。

设离心力与向心力相等，即 $F_r = F_p$，由公式(3.1-1)和公式(3.1-2)可得：

$$\frac{\mathrm{d}p_0}{\mathrm{d}r} = \frac{2\alpha_1 \rho_s}{3\alpha_2 \rho_w} r \omega^2 \tag{3.1-3}$$

积分公式(3.1-3)，并令内径处($r = r_1$)的水面附加压力 $P_0(r_1) = 0$，则得：

$$P_0(r) = \frac{\alpha_1 \rho_s}{3\alpha_2 \rho_w} \omega^2 (r^2 - r_1^2) \tag{3.1-4}$$

由公式(3.1-3)和公式(3.1-4)可知，附加压力 $P_0(r)$ 与泥沙粒径无关，这为解决本题提供了有利条件。

如设沙粒为圆球体，即 $\alpha_1 = 1$，$\alpha_2 = 1$，并取 $\rho_s = 2650\mathrm{kg/m^3}$，$\rho_w = 1000\mathrm{kg/m^3}$ 代入公式(3.1-3)和公式(3.1-4)，则得：

$$\frac{\mathrm{d}p_0(r)}{\mathrm{d}r} = 1.77 r \omega^2 \tag{3.1-5}$$

$$p_0(r) = 0.88 \omega^2 (r^2 - r_1^2) \tag{3.1-6}$$

考虑环形水槽旋转时自由水面的变化情况。

环形水槽旋转时，水体运动方程为：

$$r\omega^2 = g \frac{\partial \zeta}{\partial r} \tag{3.1-7}$$

式中：ζ 为自由水面与某一基面的竖向距离。

对公式(3.1-7)进行积分，并取内径 $r = r_1$ 处的 ζ 为 0，则得：

$$\zeta = \frac{\omega^2}{2g} (r^2 - r_1^2) \tag{3.1-8}$$

由公式(3.1-8)可知，自由水面为抛物线形，最低处在内壁($r = r_1$)，最高处在外壁($r = r_2$)。

自由水面升高而形成对 $\zeta = 0$ 基面的附加压力为：

$$P_\zeta = \rho_w g \tag{3.1-9}$$

将公式(3.1-8)代入公式(3.1-9)得:

$$P_{\zeta} = 0.5\omega^2(r^2 - r_1^2) \tag{3.1-10}$$

$$\frac{\partial P_{\zeta}}{\partial r} = r\omega^2 \tag{3.1-11}$$

比较公式(3.1-6)与公式(3.1-10),以及公式(3.1-5)和公式(3.1-11)可知,$P_{\zeta} < P_0$ 及 $\frac{\partial P_{\zeta}}{\partial r} < \frac{\partial P_0}{\partial r}$,由此可知,环形水槽旋转时,自由水面升高形成附加压力而产生的向心力不足以平衡离心力,必须采取措施,产生新的向心力来削弱离心力。

2)剪力环的作用

剪力环是旋转环形水槽中的关键部件,其主要作用是:消降纵向螺线形环流;消弱横向水平离心力。

(1)消降纵向螺线形环流

没有剪力环时,环形水槽与槽连成整体,旋转拖曳槽内水体流动,底部流速大于上部水体流速,因此底部离心力大于上部水体离心力,因而出现次生环流。底部水体从槽壁沿底流向槽外壁,并沿槽外壁上升,上部水体由槽外壁流向槽内壁,并沿槽内壁下沉,该环流还沿水流方向延伸,形成纵向环流形环流。在无剪力环时进行泥沙沉降试验,发现底部泥沙堆积在槽外壁附近,就是该螺线形环流作用的结果。当剪力环覆盖在水面上旋转而环形水槽静止不动时,水体在剪力环的拖曳下流动,上部水体流速大,离心力大,下部水体流速小,离心力小,由此产生的次生环流上部水体由内壁流向外壁然后沿外壁下沉,底部水体由外壁流向内壁,然后沿内壁上升,该次生环流沿剪力环旋转方向延伸形成反向纵向螺线环流。泥沙沉降试验时,在内环壁附近发生大量淤积。当剪力环与环形水槽异向旋转时,两者各自产生的纵向螺线环形流方向相反,部分发生抵消。当剪力环流旋转角速度绝对值与环形水槽旋转角速度绝对值相同但方向相反的情况下,剪力环形成的反向螺线形环流小于环形水槽形成的正向螺线形环流,抵消后槽内水体仍存在较大的环形水槽所产生的螺线形环流。当剪力环旋转速度加大,反向螺线形环流也随之加大,可以更有效地遏制环形水槽所产生的正向螺线环流。因此,在环形水槽转速一定时,水槽内最终合成的螺线形环流将随剪力环反向旋转角速度的增加而减弱,到某一临界角速度时,槽内环流将减至最小,上下水体形成“8”字形双环流,上部环流由剪力环控制,呈顺时针方向旋转,下部环流由环形水槽产生,呈逆时针方向旋转,中部由上下两环形水流合成,方向由外槽壁流向内槽壁,恰与离心力相反。

(2)消弱横向水平离心力

在天然弯道水流中,离心力形成了抛物形自由水面,并产生环流。在环形水槽中,弯处水流必然产生离心力,并形成抛物形水面。剪力环的另一个作用是将抛物形水面压回成水平面,实质上就是在水平面上增加一个相当于抛物形水面的附加压力,造成水体内任一粒子附加一个向心的水平力,从而抵消一部分弯道离心力。但由以上分析知,这部分附加向心力常小于离心力,因此不能完全消除离心力。但当剪力环于环形水槽做异向旋转时,水体内将产生次生环流,在水体中部的环形流方向由外壁指向内壁,方向与离心力相反,该水流随剪力环旋转速度增加而增加,至一定转速后,这股向心水流力与剪力环压平抛物水平面而产生的附加向心力之和,将能完全减弱离心力。

以上分别介绍了剪力环旋转产生纵向螺线环流和剪力环压平水面产生附加向心力。实际上剪力环压在水面上而发生反向旋转时,前述各种效应同时发生各种相互影响,机理更加复杂。根据大量验证试验,当剪力环反向旋转角速度与环形水槽旋转角速度之比为一定值时,槽内水体螺线环流和离心力均消除至实验可接受的程度,泥沙在水槽内沉降和起动与槽底垂直。

经试验验证,当 $\frac{\omega_\xi}{\omega_r} \approx 4$ 时,离心力 F_r 与向心力 F_ξ 基本平衡,槽底泥沙沉积均匀;当 $\frac{\omega_\xi}{\omega_r} > 4$ 时,槽底泥沙沉积聚集于槽内侧;当 $\frac{\omega_\xi}{\omega_r} < 4$ 时,槽底泥沙沉积聚集于槽外侧。表 3.1-2 为不同流速下 F_r 与 F_ξ 基本平衡时 ω_ξ 与 ω_r 的试验值。

F_r 与 F_ξ 基本平衡时 ω_ξ 与 ω_r 的试验结果 表 3.1-2

槽中流速 (cm/s)	4.2	10.6	16.1	20.7	25.5	30.1	34.9	39.9	44.8	54.1
槽转速 ω_r (s^{-1})	0.097	0.173	0.234	0.299	0.388	0.449	0.524	0.598	0.668	0.806
剪力环转速 ω_ξ (s^{-1})	0.372	0.731	0.982	1.257	1.571	1.964	2.094	2.513	2.618	3.142
ω_ξ/ω_r	3.8	4.2	4.2	4.2	4.1	4.3	4.0	4.2	3.9	3.9

3.2 泥沙起动

以往泥沙起动研究大多是水流单独作用泥沙起动,起动公式也是结合水槽实验和实测资料分析总结而得。天津大学和天津水运工程科学研究所采用黄骅港粉沙进行了大量水流、波浪、波流共同作用下的泥沙起动试验研究，对试验结果进行分析、汇总，得到不同动力作用下泥沙起动流速（表3.2-1）。

黄骅港泥沙的起动试验结果　　表3.2-1

动力	水流	波浪+水流	波浪
起动流速（m/s）	0.379	0.352~0.286	0.216

从表中可以看出，水流作用下泥沙起动流速比波、流共同作用下的起动流速要大，而波流共同作用下的泥沙起动流速比波浪作用下的泥沙起动流速大。

韩西军根据庄河港的现场资料分析得到：当泥沙的临界起动流速用垂线平均流速代表时，其值与水深有关。规律是：相同的泥沙颗粒，水深越大，其临界起动流速越大。根据现场实测资料绘制泥沙起动流速曲线（图3.2-1）。

图3.2-1是不同粒径的泥沙起动流速曲线，曲线1是根据实测资料点绘的曲线，曲线2是利用公式的计算值点绘的，曲线3是根据窦国仁、沙玉清、张瑞瑾等几家公式计算的结果。

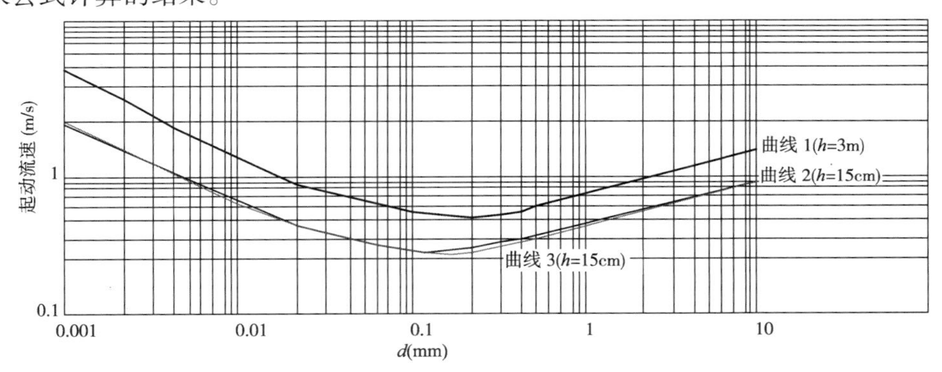

图3.2-1　起动流速曲线

从图3.2-1中可以看出，粉沙的起动流速比极细的淤泥和沙要小，现场起动流速比试验结果要大。

从天津港、连云港及珠江口等地的实践经验表明，淤泥质海岸的泥沙由于其起动流速较大（此三地床沙中值粒径都小于0.006mm，在5m水深处此粒径的泥沙的起动流速大于1.5m/s），单纯潮流不能使床沙起动。而粉沙质海岸则不同。以庄河港为例，其床沙中值粒径为0.12mm，在水深-3.0m处，泥沙起动流速为0.42m/s，而庄河港的潮段平均流速在0.40m/s左右。可见，单纯潮流即可使泥沙起动。对于粒径较大的沙质海岸，由于其泥沙起动流速也较大，单纯的潮流也不能起动床沙。

对秦皇岛海区、黄骅港海区和潍坊港海区的泥沙进行波流共同作用下的泥沙起动大量试验结果进行理论分析,得到波、流共同这作用下泥沙起动波高和水深:

当 $\mathrm{Re}d < 3.2$ 时,即 $d_{50} < 0.217$ mm 时(层流边界层)

$$H = \frac{T\sinh\left(\frac{2\pi h}{L}\right)}{\pi}\sqrt{0.029d^{-0.08} - u_c^2} \tag{3.2-1}$$

$$h = \frac{\mathrm{L}}{2\pi}\operatorname{arcsinh}\left(\frac{\pi H}{T\sqrt{0.029d^{-0.08} - u_c^2}}\right) \tag{3.2-2}$$

当 $\mathrm{Re}d \geqslant 3.2$ 时,即 $d_{50} \geqslant 0.217$ mm 时(过渡及紊流边界层)

$$H = \frac{T\sinh\left(\frac{2\pi h}{L}\right)}{\pi}\sqrt{270d - u_c^2} \tag{3.2-3}$$

$$h = \frac{L}{2\pi}\operatorname{arcsinh}\left(\frac{\pi H}{T\sqrt{270d - u_c^2}}\right) \tag{3.2-4}$$

式中:H 和 L 分别位波高和波长;d 为水深;u_c 为流速。

3.3 泥沙沉降

淤泥质海岸的泥沙不管粒径多细,最终为絮凝沉降,絮凝沉速为 0.045 ~ 0.055cm/s,当量粒径为 0.03mm。而粉沙质海岸泥沙为不均匀混合沙,有一定粘土含量,粉沙沉降时穿过粘土形成的絮凝液降至底层,因此出现泥沙上部浓度小,颗粒细,沉降速度小;下部浓度大,颗粒粗,沉降速度大。

取粉沙质海岸泥沙试样,试验方法如下:先在水槽中配置所需的含盐水体和沙量,充分搅匀后,启动旋转环形水槽使其保持所需的水流速度,然后沿水深各点逐时测取含沙量直到含沙量达到稳定状态为止,得出水下各点含沙逐时变化过程,然后根据一维泥沙运动方程:

$$\frac{\partial s}{\partial t} + \frac{\partial(\omega s)}{\partial z} = 0 \tag{3.3-1}$$

式中:s 为含沙量;ω 为泥沙沉降速度。

可算出时段的含沙量和沉速,最后加权平均得出该流速不同含沙量时的泥沙沉降速度。

试验组次:分 3 种式样、4 种流速、4 种初始含沙量、2 种含盐度合成 76 组次,每组重复进行两次,各试验数据如表 3.3-1 ~ 表 3.3-3 所示。

式样 1 沉速表 （单位：cm/s） 表 3.3-1

含盐度（‰）	流速（m/s） 含沙量（kg/m³）	0	0.10	0.30	0.50	0.60
15	0.5	0.040	0.03	0.025	0.012	0.006
	1.0	0.043	0.033	0.026	0.014	0.006
	1.5	0.048	0.037	0.027	0.016	0.010
	2.0	0.052	0.041	0.031	0.021	0.014
25	0.5	0.035	0.026	0.018	0.004	/
	1.0	0.039	0.028	0.021	0.004	/
	1.5	0.046	0.032	0.027	0.004	/
	2.0	0.050	0.036	0.031	0.007	/

式样 2 沉速表 （单位：cm/s） 表 3.3-2

含盐度（‰）	流速（m/s） 含沙量（kg/m³）	0.10	0.30	0.50	0.60
15	0.5	0.043	0.033	0.011	0.009
	1.0	0.046	0.036	0.012	0.010
	1.5	0.049	0.040	0.014	0.011
	2.0	0.054	0.045	0.023	0.014
25	0.5	0.036	0.031	0.011	0.005
	1.0	0.040	0.033	0.012	0.005
	1.5	0.045	0.036	0.014	0.006
	2.0	0.051	0.041	0.022	0.007

式样 3 沉速表 （单位：cm/s） 表 3.3-3

含盐度（‰）	流速（m/s） 含沙量（kg/m³）	0.10	0.30	0.50	0.60
15	0.5	0.049	0.038	0.033	0.009
	1.0	0.052	0.012	0.036	0.013
	1.5	0.060	0.052	0.040	0.026
	2.0	0.055	0.057	0.047	0.030
25	0.5	0.048	0.035	0.027	0.006
	1.0	0.051	0.040	0.031	0.008
	1.5	0.059	0.049	0.036	0.017
	2.0	0.065	0.056	0.041	0.027

后又将试验资料整理成不同沉降量对应的沉降速度(表3.3-4)。

泥沙沉降速度试验结果　　表3.3-4

含沙量(kg/m^3)		0.05		0.5		1.0	
流速(m/s)		0.2	0.4	0.2	0.4	0.2	0.4
沉降量	30%	0.117	0.110	0.131	0.118	0.141	0.129
	60%	0.064	0.058	0.077	0.068	0.084	0.074
	100%	0.046	0.041	0.050	0.046	0.052	0.048

根据上述试验结果可得出以下结论：

(1)泥沙沉降速度除了受本身特性(几何形状、粒径大小、密度等)控制外,还与周围介质条件(含沙量、流速、含盐度、水温等)有密切关系。

(2)含沙量对泥沙沉速的影响很大,含沙量加大,增加了泥沙颗粒间的碰撞概率,使沉速加大。在含沙量小于某一值范围内时,泥沙沉降速度随水体含沙量增大而增大。

(3)水流速度对泥沙沉降有重大影响,流速愈大,紊动强度愈大,对泥沙沉降阻力也愈大。因此,泥沙沉降速度随水流速度的增加而减小。在某一含沙量水体中,当流速增大到一定值后,泥沙沉降速度将趋近于零,这时水体含沙量达到相对平衡状态。这时的含沙量称平衡含沙量,也相当于该水流速度的挟沙力。

(3)含盐度对泥沙沉速有一定影响,细颗粒泥沙的絮凝现象是在一定含盐度范围内发生的。而含盐度的增加又会使水介质的容重增加,因而增大了介质对泥沙颗粒的上浮力。在本试验的两种含盐度范围内,泥沙沉速随含盐度的增加而呈减小的趋势。

(4)水温对泥沙沉降速度也有重要影响,水温愈低,水的粘滞力就愈大,对泥沙沉降阻力也就愈大,因此泥沙沉降速度随水温的降低而减小。

由上述可知,泥沙沉降速度与多种因素有关,与各因素间呈非常复杂的函数关系,曹祖德曾得出如下关系式：

$$\omega_s = k\frac{1+\alpha_1 s^{\beta_1}}{1+\alpha_2 u^{\beta_2}}\omega_0 \tag{3.3-2}$$

式中：ω_s 为泥沙沉降速度；ω_0 为泥沙颗粒静水沉降速度；k 为与含盐度有关的系数；s 为含沙量；u 为水流速度；α_1、α_2、β_1、β_2 为系数,根据试验资料确定。

3.4 泥沙沉积

粉沙质海岸港口航道回淤物质沉积和密实的速度比较快。为了研究其沉积和密实的规律和特性，分别进行了：①静水沉降和密实试验；②沉积土静水密实试验；③泥沙静水沉速试验；④泥沙动水沉速试验；⑤沉积土的动水沉降、密实试验。通过对试验结果进行分析，得到如下结论：

（1）泥沙的沉降、沉积、密实不仅和泥沙中值粒径的大小有密切关系，还和泥沙组成中的细颗粒多少有关。

（2）泥沙沉降、沉积、密实和水深有关。根据试验结果知，泥样相同，干泥样量相同，水深不同，最后结果不同，水深大，沉降快，沉积也快，沉积土容重大（表3.4-1）。

水深对沉积的影响表 表3.4-1

样品编号	水深 (cm)	沉积土容重（g/cm³）						注
		1天	3天	5天	7天	10天	15天	
1	300	1.702	1.741	1.759	1.769	1.774	1.776	其余条件相同
2	500	1.750	1.789	1.801	1.803	1.804	1.810	其余条件相同

（3）水流作用下，淤积土的沉积密实速度和静水中的沉积密实速度相似。

3.5 水体挟沙力

水体挟沙力是指水体中具有挟带造床悬浮泥沙的能力，它与水体速度和床面剪切力有关。

床面剪切力对水体所做的功为：

$$W = \tau_{cw} u_{cw\cdot\delta} \tag{3.5-1}$$

将波、流共存时的床面剪切力的流速代入式(3.5-1)得到：

$$W = \frac{\rho}{\sqrt{\kappa_\delta}}\left(\sqrt{f_c}u_c + \frac{\sqrt{f_w}}{\sqrt{2}}\hat{u}_w \sin\theta\right)^3 \tag{3.5-2}$$

含沙水体的能量变化为：

$$E = (M - 1)ghS_*\omega_s \tag{3.5-3}$$

式中：M 为水沙重率比，$M = \frac{\rho_s}{\rho}$；ω_s 为泥沙沉降速度；S_* 为水体挟沙力。

剪切力做功与水体获得能量相等，考虑效率系数 η 后，由式(3.5-2)和式(3.5-3)得：

$$S_* = \eta \sqrt{\frac{f_c^3}{\kappa_\delta}} \cdot \frac{\gamma_s \gamma}{\gamma_s - \gamma} \cdot \frac{\left(u_c + \sqrt{\frac{f_w}{2f_c}} u_w\right)^3}{gh\omega_s} \tag{3.5-4}$$

如令 $\alpha = \eta \sqrt{\frac{f_c^3}{\kappa_\delta}}, \beta = \sqrt{\frac{f_w}{2f_c}}$,则式(3.5-4)可写为:

$$S_* = \alpha \frac{\gamma_s \gamma}{\gamma_s - \gamma} \cdot \frac{(u_c + \beta u_w)^3}{gh\omega_s} \tag{3.5-5}$$

4 泥沙运移特性

淤泥质海岸泥沙为细颗粒泥沙，在波流的作用下，大部分悬浮于水体中成悬移质运动；沙质海岸泥沙为粗颗粒泥沙，临界起动流速大，在海洋动力作用下，主要以推移质形式输移；而粉沙质海岸泥沙由粗细颗粒组成，在海洋动力作用下一部分悬浮于水体中形成悬移质，一部分成推移质，还有一部分在水体底部形成一层高浓度含沙水体。根据现场实测资料绘制粉沙质海岸悬移质沿垂线分布如图4.1所示。

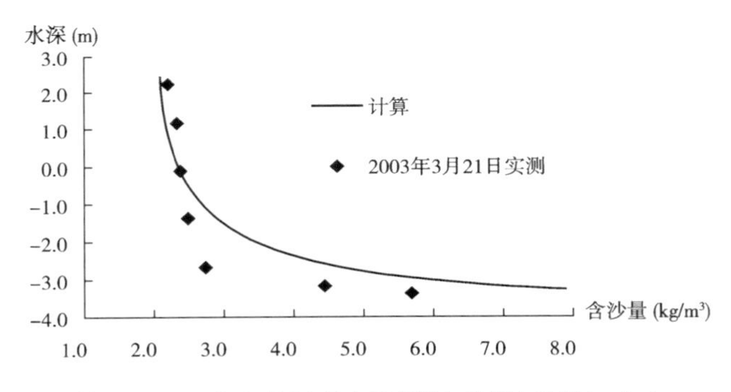

图4.1 2003年3月21日大风实测与计算含沙量(-4m)

从图中也可以看处，悬移质沿垂线分布上小下大，数值相差很大，应将泥沙运动分成三部分。高浓度含沙层厚度很小，浓度非常大，可达20kg/m^{3}以上，从机理上讲此部分属于悬移质。但从工程的角度分析，含沙水流横跨航道时，悬移质小部分落淤，大部分随水流运移到下游，推移质全部落淤于航道，底部高浓度层的泥沙也将全部落淤。因此，在计算航道淤积的时候，三部分应分开考虑。在此将高浓度含沙层暂定名为底部高浓度含沙水层。

4.1 悬移质

1)含沙量沿垂线分布

基本运动方程为：

$$S\omega = \varepsilon \frac{\mathrm{d}S}{\mathrm{d}z} \tag{4.1-1}$$

式中：ε 为泥沙垂向扩散系数；ω 为泥沙沉降速度。

根据水槽试验及现场资料可知，泥沙分布上小下大，粒径上细下粗，沉速上小下大，因此可设：

$$\omega = \omega_b \frac{z}{h} + \omega_s\left(\frac{h-z}{h}\right) \tag{4.1-2}$$

式中：ω_b 为临底泥沙沉降速度；ω_s 为表层泥沙沉降速度。

水流紊动由底部向上发展，可采用 Kajiura 假设：

$$\varepsilon = \kappa u_*(h-z) \tag{4.1-3}$$

式中：κ 为卡门系数（$\kappa = 0.4$）；u_* 为摩阻流速。

将式(4.1-2)和(4.1-3)代入式(4.1-1)后积分，并取 $z=0.65h$ 时含沙量为平均含沙量，得：

$$S = \bar{S}\left(\frac{h-z}{h-0.65h}\right)^{-\frac{\omega_b}{\kappa u_*}}\exp\left(-\frac{(\omega_b-\omega_s)(z-0.65h)}{\kappa u_* h}\right) \tag{4.1-4}$$

国内外众多学者提出了悬移质含沙量垂线分布计算公式，这里将有代表性的公式归纳如下：

(1) Rouse[1]公式：

$$\frac{S}{S_a} = \left(\frac{h-y}{y}\frac{a}{h-a}\right)^{\frac{\omega}{\kappa u_*}} \tag{4.1-5}$$

(2) Lane Kalinske[2]公式：

$$\frac{S}{S_a} = \exp\left[-6\kappa\left(\frac{\omega_0}{u_*}\right)\left(\frac{y}{h}-\frac{a}{h}\right)\right] \tag{4.1-6}$$

(3) Ananian Garbashian[3]公式：

$$\frac{S}{S_a} = \exp\left[-\left(\frac{y}{h}-\frac{a}{h}\right)/A_A\right] \tag{4.1-7}$$

(4) Velikanov[4]公式：

$$\frac{S}{S_a} = \exp\left[-\frac{\gamma_s-\gamma}{\gamma}\frac{\omega_0\kappa}{u_* J}\int_{a/h}^{y/h}\frac{\mathrm{d}(y/h)}{\Phi}\right] \tag{4.1-8}$$

(5) Karim Kennedy[5]公式：

$$\frac{S}{S_a} = \exp\left[-\kappa\frac{\omega_0}{u_* J}\int_{a/h}^{y/h}\frac{\mathrm{d}(y/h)}{\Gamma}\right] \tag{4.1-9}$$

(6) Laursenlin(1954) 公式：

$$\frac{S}{S_a} = \exp\left[\omega(1+1/m)/\beta u_{\max} f(I_{y/h}-I_{a/h})\right] \tag{4.1-10}$$

(7) Laursen[6]公式：

$$\frac{S}{S_a} = \left(\frac{a}{y}\right)^{\frac{\omega_0}{\kappa u_*}} \tag{4.1-11}$$

(8) Tanaka Sugimoto[7]公式：

$$\frac{S}{S_a} = \left(\frac{1+\sqrt{1-y/h}}{1+\sqrt{1-a/h}} \cdot \frac{1-\sqrt{1-a/h}}{1-\sqrt{1-y/h}}\right)^{\frac{\omega}{\kappa u_*}} \tag{4.1-12}$$

(9) Barenblatt[8]公式：

$$\frac{S}{S_a} = \left(\frac{\sqrt{1-y/h}}{\sqrt{1-a/h}} \cdot \frac{1-\sqrt{1-a/h}}{1-\sqrt{1-y/h}}\right)^{\frac{\omega}{\kappa u_*}} \tag{4.1-13}$$

(10) Hunt[9]公式：

$$\frac{S}{S_a} = \left(\frac{1-\sqrt{1-y/h}}{1-\sqrt{1-a/h}} \cdot \frac{B^*-\sqrt{1-a/h}}{B^*-\sqrt{1-y/h}}\right)^{\frac{\omega}{\kappa u_*}} \tag{4.1-14}$$

(11) Zagustin[10]公式：

$$\frac{S}{S_a} = \exp\left[-\kappa\frac{\omega_0}{u_*}\int_{a/h}^{y/h}\frac{\mathrm{d}(y/h)}{\Psi}\right] \tag{4.1-15}$$

(12) Itakurakishi[11]公式：

$$\frac{S}{S_a} = \left[\frac{a}{y}\left(\frac{1-y/h}{1-a/h}\right)^{1+\psi}\right]^{\frac{\omega_0}{\kappa u_*}} \tag{4.1-16}$$

(13) велцканов[12]公式：

$$\frac{S}{S_a} = \exp\left[-\frac{\gamma_s-\gamma}{\gamma}\frac{\omega\kappa}{u_* J}\int_{a/h}^{y/h}\frac{\mathrm{d}(y/h)}{\Phi_1}\right] \tag{4.1-17}$$

(14) 蔡树棠[13]公式：

$$\frac{S}{S_a} = A(y/h+B)^{-n} \tag{4.1-18}$$

(15) 朱鹏程[14]公式：

$$\frac{S}{S_a} = A\left(\frac{\mathrm{d}u}{\mathrm{d}y}\right)^n \tag{4.1-19}$$

注：S 为任意水深处含沙量；S_a 为距床面为 a 处的悬沙浓度；

$A_A = (0.0017V^2/gH)[\rho_\rho - (1+K_A)\rho/(\rho_\rho - \rho)]$；

$\Phi = h(1-y/h)\ln(1+y/\Delta)$，$\Delta$ 为床面当量糙率；

$\Gamma = [1/(1+m)](1-y/h)(y/h)^{1-m}$；

$$I_{y/h} = \int_{a/h}^{y/h} \frac{1}{m} \frac{m\mathrm{d}y}{h(y/h-1)(y/h)^{(m-1)/m}};$$

$0.995 < B^{*} < 1$;

$$\Psi = \frac{1}{3}\sqrt{1-y/h}\left[1-(1-y/h)^{3}\right];$$

$$\psi = f\left(\frac{\omega}{u_{*}}\right);$$

$\Phi_1 = h(1-y/h)\ln(1+y/\Delta)$;

A、B、n 为待定系数。

2)悬移质输沙率

悬移质输沙率可用下式计算:

$$q_s = uhS_{*} \tag{4.1-20}$$

式中:h 为水深;u 为流速;S_{*} 为波、流共同作用下的含沙量,可用式(3.5-5)计算:

$$S_{*} = \alpha \frac{\gamma_s \gamma}{\gamma_s - \gamma} \cdot \frac{(u_c + \beta u_w)^3}{gh\omega_s}$$

4.2 推移质

推移质输沙是泥沙研究中比较薄弱的环节,影响因素多,机理复杂,现场实测困难。目前一般的方法是利用一些水槽实验资料进行理论分析,建立半经验半理论公式。

波、流共同作用下的推移质输沙率可用(4.2-1)进行计算[15]。

$$\phi = C(\psi - \psi_e)\psi^{1/2}, \phi = \frac{q_b}{\rho_s g \omega_s d}, \psi = \frac{\tau}{(\rho_s - \rho)gd}$$

$$q_b = \alpha_b \frac{\gamma_s \gamma}{\gamma_s - \gamma} \frac{\omega_s}{\sqrt{d}}\left(1 - \frac{u^2}{u_e^2}\right)\frac{u^3}{g} \tag{4.2-1}$$

式中:ϕ 为单宽无量纲推移质输沙函数;ψ 为输沙水力强度函数;ψ_e 为泥沙临界起动水力强度函数;τ 为床面剪切应力;ω_s 为泥沙沉降速度;d 为泥沙粒径;α_b 为待定系数,应通过试验或现场实测资料来确定;ρ_s 为泥沙密度;ρ 为水密度;u 为流速;u_e 为临界起动流速。

4.3 底部高浓度含沙水层

底部高浓度含沙水层不同于泥质海岸的"浮泥流",也不同于泥沙异重流,它

是上层悬移质过度的中间运移型态。在底部高浓度含沙水层中，既有悬移质也有推移质，这种泥沙型态很不稳定，在水动力增大时，易转化为悬移质，在水动力减弱时，又易转化为推移质。虽然这种泥沙运移型态很不稳定，但在一定的波浪、潮流作用下，它又相对稳定地存在。在现场测验和水槽试验中，经常可以发现，而且有规律地重现。如河北黄骅港外航道开挖后的边滩上，以及粉沙在波、流共同作用下的水槽试验中，均有发现。由于这种临底高浓度含沙水体是粉沙质海岸上特有的一种泥沙运移型态，和航道淤积及海床演变关系密切，它随水体而运动，又同时含有悬移质和推移质，因此我们暂命名为"底部高浓度含沙水层"。

根据现场观测、水槽试验，底部高浓度含沙水层有两种形式，一种是沉降型，如洋山港区的底部高浓度含沙水层，它是由港区西部浅滩上高含沙水体随落潮进入港区，水动力相对减弱，悬沙沉降，但减弱后的水动力仍较强，悬沙仅沉降到临底，但还未沉积到床面时，接着就发生涨潮，动力较强，但其强度又不足以使临底高浓度含沙水体悬扬到整个水体，如此往复，在临底形成了底部高浓度含沙水层。另一种是悬扬型，如黄骅港和波、流水槽试验中所发现的，它是由底部含水量较大的泥沙，在水动力较强时发生悬扬，但因动力强度还不足以使悬扬沙进入全部水体，或悬扬时间较短，水动力即开始减弱或转向，因而在临底形成高浓度含沙水体。总结以上两种型态底部高浓度含沙水层的形成过程可知，它们有以下共同特点：①存在由一种泥沙运移类型向另一种泥沙运移类型转变的必要水、沙条件，但水动力条件不充分；②水动力呈周期性变化。

底部高浓度含沙水层的输沙率可用下式计算[15]：

$$q_{bs} = S_b h_b u_b \tag{4.3-1}$$

式中：q_{bs} 为底部高浓度含沙水层输沙率；S_b 为底部高浓度含沙水体含沙量；h_b 为底部厚度；u_b 为底部流速。但 S_b、h_b、u_b 很难确定，赵冲久[16]从理论上进行了研究，并通过实验进行了验证。

今设 $h_b = A_h h$；$u_b = A_u u$；$S_b = A_s S$，并令 $A = A_h A_u A_s$，则上式可写成下式：

$$q_{bs} = AhuS \tag{4.3-2}$$

式中：A 为系数，根据现场实测和水槽试验得 $A = 0.10 \sim 0.30$。

4.4 推悬比[17]

推移质和悬移质的输沙率存在一定的比例，我们称此比例为推悬比。而在航道中落淤时，由于推移质全部落淤，悬移质部分落淤，因此航道中淤积物的推悬比和输沙率的推悬比不同，从统计关系上二者之间存在一定的比例，此为淤积物推悬比。

1)输沙率推悬比

输沙率推悬比(m_s) = 推移质输沙率(q_b)/悬移质输沙率(q_s)

推移质输沙率用公式(4.2-1)计算,悬移质输沙率可用(4.1-20)计算,因此输沙率推悬比为:

$$m_s = \frac{\alpha_b}{\alpha}\frac{\omega_s^2}{g\sqrt{d}}\frac{1}{u}\left(1 - \frac{u^2}{u_e^2}\right) \tag{4.4-1}$$

利用上式计算出粉沙质海岸泥沙在不同流速作用下的输沙率推悬比(表4.4-1)。

粉沙质海岸泥沙输沙率推悬比 表4.4-1

粒径 d(mm)		0.031	0.050	0.075	0.100	0.125
流速 u(m/s)	0.6	0.012	0.048	0.137	0.256	0.421
	0.7	0.013	0.049	0.132	0.244	0.406
	0.8	0.014	0.048	0.140	0.231	0.377
	0.9	0.014	0.046	0.120	0.218	0.357
	1.0	0.014	0.045	0.114	0.206	0.335
	1.1	0.014	0.043	0.108	0.195	0.317
	1.2	0.014	0.041	0.103	0.185	0.300

从表中可以看出,输沙率推悬比随泥沙粒径、沉降速度、起动流速、流速的变化而不同。其值随泥沙粒径的增大而增大;随流速的增大而减小,这是因为流速增大,悬移质增加率大于推移质的增加速率;推悬比数值范围为 0.012 ~ 0.421,因此推移质和悬移质均不可忽视。

2)航道淤积推悬比

淤积推悬比(m_d) = 推移质淤积(Δ_b)/悬移质淤积(Δ_s)

运动的泥沙进入航道时,推移质全部落淤,悬移质部分落淤,大部分随水流输移到下游。因此,航道淤积推悬比可用输沙率推悬比乘上一个系数计算。

$$m_d = \eta m_s \tag{4.4-2}$$

经数值计算,$\eta = 1.7 \sim 10$。

参 考 文 献

[1] Rouse, H. Modern conceptions of the mechanics of turbulence. Trans. ASCE, 1937, Vol. 102, 436-507

[2] Lane, E. W. and Kalinske, A. A. Engineering calculations of suspended sediment. Trans. AGU. 1941, Vol. 22, 56-65

[3] Ananian, A. K. and Garbashian, E. T. About the system of equation of movement of flow carrying suspended matter. J. Hydr. Res. 1956, 3(1)

[4] Velikanov, M. A. Alluvial process. State Publishing House for Physical and Mathematical Literature, Moscow (in Russian). 1958, 241-245

[5] Karim, M. F. and Kenned, J. F. Computer based predictions for sediment discharges and friction factor of alluvial streams. Proc. 2nd Int. Symp. On River Sedimentation, Water Resources Press, Beijing. 1983

[6] Laursen, E. M. A concentration distribution formula from the revised theory of Prandtl mixing length. Proc. 1st Int. Symp. On River Sedimentation, Guanghua Press, Beijing, China. 1980, Vol. 1, 237-244

[7] Tanaka, S. and Sugimoto, S. On the distribution of suspended sediment in experimental flume flow. Memoirs of the Faculty of Engrg., Kobe Univ., Kobe, Japan. 1958, No. 5, 61-71

[8] Barenblatt, G. N. The sediment movement in turbulent flow. Water Conservancy Press, Beijing. 1956, 61(in Chinese)

[9] Hunt, J. N. The turbulent transport of suspended sediment in open channels. Proc. Roy. Soc., London, A. 1954, 24(1158), 322-335

[10] Zagustin, K. Sediment distribution in turbulent flow. J. Hydr. Res. 1968, 6(2), 163-171

[11] Itakura, T. and Kishi, T. Open channel flow with suspended sediment. J. Hydr. Engrg., ASCE. 1980, No. 8, 1325-1343

[12] велцканов, M. A. Русловомйпроцесс, 1958

[13] 蔡树棠. 相似理论和泥沙的垂线分布. 应用数学和力学. 1982, 5(3)

[14] 朱鹏程. 从紊流脉动相似性结构推论悬浮泥沙的垂线分布. 中国力学学会第二届全国流体力学学术会议论文集. 1983, 268-272

[15] 孔令双, 焦桂英, 曹祖德. 粉沙质海岸上开敞航道的淤积计算. 第十一届中国海岸工程学术讨论会. 2003, 331-337

[16] 赵冲久. 近海动力环境中粉沙质泥沙运动规律的研究. 天津大学建筑工程学院博士论文. 2003

[17] 曹祖德, 焦桂英. 粉沙质海岸泥沙运动推悬比的确定. 水道港口. 2002, 23(1), 12-15

5 外航道骤淤量及原因分析

5.1 黄骅港外航道的骤淤状况

自2002年1月至2003年10月短短一年多的时间内,黄骅港外航道共发生了6次较强的强淤。从不太完整的短时期水深图和疏浚量统计,2002年3场大风短时期的总淤积量达到了770万m^3,2003年3场大风短时期的总淤积量为1320万m^3,特殊大风作用下外航道强淤现象十分明显,给航道的维护带来很大影响。

外航道淤积有以下特征:

(1)外航道骤淤全部由NE~E向大风造成,淤积量主要取决于风时和风速,与航道的尺度关系不明显。如:2002年3月1日与10月18日相比,在最大风速都为8级的情况下,大于6级风速的风时分别为21小时和33小时,两次的淤积量相差110万m^3;2003年4月17日与5月7日相比,在最大风速都为9级的情况下,大于6级风速的风时分别为22小时和13小时,两次的淤积量相差150万m^3;2002年3月1日与2003年4月17日相比,在大于6级风速的风时相近(前者21小时,后者22小时),最大风速分别为8级和9级的情况下,两次的淤积量相差100万m^3,可见淤积主要取决于风速和风时。

(2)在淤积强度分布上,呈现两头小,中间大的分布规律。随风况的不同,最大淤强在W4+000~W10+000段摆动,除2003年10月10日大风,其他5次骤淤高于1.0m淤强段均在W13+000段以内,最大淤积强度在1.0~2.0m之间。2003年10月10日大风为两年来最大的一次,W0+000~W21+000段总淤积量达到880万m^3,最大淤强为3.5m,淤强超过2m段延长到W18+000,W15+000以外航道段基本淤平。

(3)航道淤积物,除2003年10月10日骤淤外,其他5次骤淤的淤积物中值粒径d_{50}大于0.03mm段在W13+000以内,淤积物的可疏浚性较差。W13+000以外淤积物中粘土含量超过15%,可疏浚性相对较好;2003年10月10日风后淤积物d_{50}大于0.03mm段超过W21+000,淤积物中粘土含量小于15%,湿容重为1.90~2.10g/cm^3,疏浚相对困难。

5.2　外航道泥沙淤积原因分析

5.2.1　外航道淤积物的来源

黄骅港外航道泥沙淤积物的来源主要有三个方面:一是滩面泥沙,在大风浪天气条件下,风浪掀起大量滩面泥沙,泥沙随水流进入航道后,随着流速减小,泥沙落淤;二是岸线冲蚀泥沙,岸线被冲刷掉的泥沙在离岸流作用下运移到航道落淤;三是疏浚弃土,疏浚弃土还没有密实即被风浪掀起,在水流带动下在外航道沉积。其中滩面泥沙和离岸流携带泥沙是造成航道淤积的直接原因。

5.2.2　滩面泥沙运动对航道淤积影响

(1)从滩面泥沙的起动角度分析,室内实验结果表明,黄骅港滩面物质在纯水流作用下起动摩阻流速为0.02m/s,按照窦国仁公式转换到垂线平均流速在水深5.0m时,起动垂线平均流速为0.66m/s,在水深7.0m时,起动垂线平均流速为0.68m/s,因此,单纯潮流对本海区滩面泥沙作用不强。

黄骅港滩面物质在波流作用下起动摩阻流速为0.0116m/s,起动切应力为0.2N/m^2,按照Jonson(1996)公式$\tau_m = \frac{1}{2}\rho f_w u_m^2$推算,在1.0m波高,周期为4s作用下,-5.0m水深滩面泥沙达到了起动条件,波浪是本海区泥沙起动的主要动力,滩面物质的运动为航道淤积提供了条件。

(2)从黄骅港滩面破波带的角度分析,对于滩面坡度小于1/1000的海岸,《港口水文规范》提出的破波破碎指标最大为0.6,按Nelson方法计算出波浪破碎指标最大为0.55。对于黄骅港取波浪破碎指标为0.55计算,在波高4.0m情况下,破波位置大约在-4.2~6.2m以内,波高3.0m情况下,破波位置大约在-2.3~4.4m以内。波浪破碎对滩面的强烈扰动,使破波带成为泥沙最为活跃的区域,上述破波带的位置与黄骅港外航道最大淤积强度分布是相对应的。

(3)从滩面波浪掀沙的角度分析,波浪破碎对滩面的强烈扰动,水体含沙量相当高,两次大风实测最大底部水体平均含沙量为20~40kg/m^3。因此,大风浪天气在破波带可形成高含沙区,应是造成港口航道发生严重淤积的主要原因。

(4)黄骅港建港后由于港口建筑物的作用,造成局部流场发生明显变化,一是口门处在高潮位与低潮位时均出现横流;二是大风作用下,由于风吹流造成南北两侧近岸壅水,潮位抬高,增加了近岸落潮流速,使得近岸区高浓度泥沙沿防波堤两侧向外运动,在穿越航道的过程中,泥沙落淤,对外航道局部区域回淤带来较大影响。在潮流泥沙数学模型中,可以看到这种现象,通过黄骅港海域的遥感分析也可证实此结论。因此在考虑防沙堤整治工程中,要充分考虑沿堤后大风作用下近岸壅水的进一步增加带来的流场变化,近岸高浓度含沙水体向外运动对非掩护航道段带来的影响。

5.2.3 岸蚀泥沙对航道淤积影响

近几十年来,大口河附近的海岸线在不断冲蚀后退,自 1939 年特大风暴潮冲刷狼坨子以来(1987 年),岸线已后退约 0.5km。1970—1987 年,被侵蚀的贝壳堤达 100m。通过 1954 年、1967 年和 1986 年三代航片比较,冯家堡至狼坨子岸段,年平均后退速度为 1.6 ~ 11.3m。大口河堡贝壳堤 1954—1987 年平均每年后退 5.5m,棘家堡以北的石坨子贝壳堤平均每年后退 5m。岸线冲蚀泥沙是黄骅港海区泥沙来源的一部分。

5.2.4 疏浚弃土对航道淤积影响

抛泥地的泥沙在海洋动力的作用下向四周扩散,其泥沙沉积和扩散的区域分布特征为:泥沙淤积厚度以抛泥中心区为最大,由中心区向四周淤积厚度明显下降。泥沙淤积范围为东大于西,北大于南。航道受抛泥影响的范围广阔,抛泥地的泥沙扩散与黄骅港的涨落潮流方向一致。当水流跨越航道时,泥沙落淤。因此,疏浚弃土对局部航道淤积也会带来一定影响。

为分析黄骅港外航道骤淤原因,天津水运工程科学研究所、天津大学、华东师范大学、清华大学、河海大学等多家高校及科研单位对此利用不同手段进行了研究(包括理论分析,物理试验,数值模拟等),现将各家观点汇总如表 5.2-1 所示。

黄骅港外航道淤积原因分析 表 5.2-1

研究单位	观　点
1	航道淤积主要是滩面泥沙在波浪、潮流共同作用下起动、运移和沉积所致。沿堤流的输沙和疏浚抛泥对航道淤积也具有一定影响
2	强风浪作用下黄骅港海区大范围内出现高浓度悬沙是外航道发生普遍淤积的主要原因,沿堤向外的泥沙输送和风生环流引起的泥沙输送对局部回淤有重要作用
3	破波带中破波引起的悬沙运动
4	外航道的淤积泥沙主要不是来自 -2.5m 线以内的堤外滩地的冲蚀,而是来自 -5 ~ -2m 线之间近航道滩地泥沙的部分横向输移和更深处泥沙在大浪条件下的岸向输移
5	在较大的风浪作用下,大量床面物质都可以悬浮于水中,成为悬移质随潮流运移,这是大风天气航道发生严重骤淤的根本原因
6	旋涡输沙
7	外航道淤积的根本原因是伸入海域 -2.5m 水深处,长达 3450m 的港池和内航道的防波堤截断了自然状态下 1 ~ 2.0m 水域的较高含沙量和环湾沿岸流,致使较高含沙量的水体向外航道流动并寻找新的平衡,是风浪掀沙后在外航道断面处形成的沉沙池淤积效应

6 黄骅港外航道淤积的统计预报

6.1 外航道淤积计算公式

外航道淤积受众多条件控制,如:淤积环境、泥沙特性、泥沙运移型态、海洋动力、航道尺度等因素,均对航道淤积有影响。为了解航道淤积,通常采用物理模型、数值模拟和分析计算等方法,其中分析计算因方法简单,费用较低而广为应用。

淤泥质海岸的泥沙运移型态以悬移质为主,泥沙沉速接近常值,淤积条件明确,因此分析计算方法比较成熟,有不少实用计算公式。但在粉沙质海岸上,由于控制外航道淤积的因素变化很大,影响航道淤积的机理更加复杂,因此至今尚无比较合适的航道淤积计算公式。

由于粉沙质海岸开敞航道的淤积机理十分复杂,至今尚不完全了解,为避免建立计算公式时理论解析求解的困难,今根据"黑匣子"原理,先找出影响淤积的关键源头因素,该源头因素应该是可掌握的,通过理论分析,将中间复杂过程概化成一个综合因素,最后直接建立航道淤积与关键源头因素之间的简单关系,并通过实测资料得出关系系数。

6.1.1 有效风能概念

航道淤积由泥沙运移产生,泥沙运移的能量来源于波浪,波浪的能量来源于风,风对水体输入的能量是由风在水面剪切力对水体做功而形成,即:

$$E_w = \tau_w u \tag{6.1-1}$$

式中:E_w 为风对水体所作的功;τ_w 为风在水面处的剪切力;u 为风引起的水体运动。

风对水面的剪切力 τ_w 可由下式计算:

$$\tau_w = \rho_a f_w w^2 \tag{6.1-2}$$

式中:ρ_a 为空气密度;f_w 为风摩阻系数;w 为风速。

风引起的水体速度 u 可由下式计算:

$$u = \alpha_v w \tag{6.1-3}$$

式中:α_v 为系数,根据已有试验观测资料,其值为0.02~0.03。

将式(6.1-2)和式(6.1-3)代入式(6.1-1),得:

$$E_w = \alpha_u f_w \rho_a w^3 \tag{6.1-4}$$

风速为 w 和历时为 t 的大风对水体输入的能量可用下式表示:

$$E_w = \alpha_u f_w \rho_a w^3 t \tag{6.1-5}$$

大风过程中,风速和历时不断变化,因此,一场大风过程中风对水体输入的能量应用下式表示:

$$E_w = \alpha_u f_w \rho_a \sum w^3 t \tag{6.1-6}$$

由于泥沙运移存在阀值,只有水体运动超过此阀值,泥沙才有可能发生运移,并对航道形成淤积。根据现场观测,只有当风速达到6级以上,且历时达到2小时后,航道才发生明显淤积。因此,造成航道淤积的风能应由下式表示:

$$E_w = \alpha_u f_w \rho_a (w_6^3 t_6 + w_7^3 t_7 + w_8^3 t_8 + w_9^3 t_9 - w_6^3 t_0) \tag{6.1-7a}$$

或

$$E_w = \alpha_u f_w \rho_a [w_6^3 (t_6 - t_0) + w_7^3 t_7 + w_8^3 t_8 + w_9^3 t_9] \tag{6.1-7b}$$

式中:w_6, w_7, w_8, w_9 分别为6级、7级、8级、9级风速;t_6、t_7、t_8、t_9、t_0 分别为足标对应风级的风时;t_0 为临界历时,可取 $t_0 = 2$ 小时。

式(6.1-7)即为产生航道淤积的有效风能。

6.1.2 航道淤积公式推导

1)理论基础

现考虑航道淤积由风浪掀沙所造成。风形成浪,浪掀起沙,泥沙流入航道发生淤积。因此,风是航道淤积的关键源头因素,风况测取和收集也比较容易。

设泥沙运动的能量来自波浪,波浪的能量来自风,即:

$$E_s = \alpha_{sv} E_v \tag{6.1-8}$$

$$E_v = \alpha_{vw} E_w \tag{6.1-9}$$

式中:E_s, E_v, E_w 分别为泥沙运动、波浪和风的能量;α_{sv}, α_{vw} 分别为相应的能量传递系数。

在上式中消去 E_v,并令 $\alpha_{sw} = \alpha_{sv}\alpha_{vw}$,则得:

$$E_s = \alpha_{sw} E_w \tag{6.1-10}$$

式中:α_{sw} 为风对泥沙运动的能量传递系数。

在粉沙质海岸上,风浪作用下泥沙运动的型态有多种,如:悬移质、底部高浓度含沙水层和推移质。因此,泥沙运动能量也应包括这几部分,即:

$$E_s = E_{s1} + E_{s2} + E_b + \cdots = E_{s1}\left(1 + \frac{E_{s2}}{E_{s1}} + \frac{E_b}{E_{s1}} + \cdots\right) \tag{6.1-11}$$

式中：E_{s1}，E_{s2}，E_b 分别为悬移质、底部高浓度含沙水层和推移质的能量。

由于悬移质比较简单，易于测取，在泥沙运动过程中，各种泥沙运移型态之间因动力不同而形成一定的比例，如令：$\alpha_s = 1 + \frac{E_{s2}}{E_{s1}} + \frac{E_b}{E_{s1}} + \cdots$，则式(6.1-11)可简写为：

$$E_s = \alpha_s E_{s1} \tag{6.1-12}$$

式中：α_s 为泥沙运移型态能量比例系数，α_s 常大于1。

风浪过程中，悬移质克服各种阻力而悬扬后的能量可用下式表示：

$$E_{s1} = \alpha_{s1} S h \omega_s t_{悬} \tag{6.1-13}$$

式中：S 为水体含沙量；h 为水深；ω_s 为泥沙沉降速度；$t_{悬}$为悬浮时间；α_{s1} 为系数。

由上式可得：

$$S = \frac{E_{s1}}{\alpha_{s1} h \omega_s t_{悬}} \tag{6.1-14}$$

航道淤积应由各种运移型态的泥沙可组成，即：

$$P_s = P_{s1} + P_{s2} + P_b + \cdots = P_{s1}\left(1 + \frac{P_{s2}}{P_{s1}} + \frac{P_b}{P_{s1}} + \cdots\right) \tag{6.1-15}$$

式中：P_s 为总淤强；P_{s1}，P_{s2}，P_b 分别为悬移质、底部高浓度含沙水层和推移质所形成的淤强。

悬移质淤强比较容易计算，各类运移型态泥沙淤强间成一定比例，如令：

$$\alpha_p = 1 + \frac{P_{s2}}{P_{s1}} + \frac{P_b}{P_{s1}} + \cdots$$

$$P_s = \alpha_p P_{s1} \tag{6.1-16}$$

根据已有研究，悬移质淤积可由下式计算：

$$P_{s1} = \frac{\alpha S \omega_s t_{沉}}{\gamma_c} \eta \tag{6.1-17}$$

式中：α 为沉降系数；$t_{沉}$为沉降时间；γ_c 为淤积物干容重；η 为淤积率。

将式(6.1-14)中的 S 代入式(6.1-17)得：

$$P_{s1} = \frac{\alpha \eta t_{沉}}{\alpha_{s1} \gamma_c h t_{悬}} E_{s1} \tag{6.1-18}$$

进一步将式(6.1-12)和式(6.1-16)代入式(6.1-18)得：

$$P_s = \frac{\alpha_{sw} \alpha_p \alpha \eta t_{沉}}{\alpha_s \alpha_{s1} \gamma_c h t_{悬}} E_w \tag{6.1-19}$$

2)淤积预报公式的建立

将式(6.1-7)代入式(6.1-19),得:

$$P_s = \frac{\alpha_{sw}\alpha_v\alpha_p\alpha\eta\rho_a f_w t_{沉}}{\alpha_s\alpha_{s1}\gamma_c h t_{沉}}[w_6^3(t_6-t_0) + w_7^3 t_7 + w_8^3 t_8 + w_9^3 t_9] \quad (6.1\text{-}20)$$

令 $\alpha_{pw} = \frac{\alpha_{sw}\alpha_v\alpha_p\alpha\eta\rho_a f_w t_{沉}}{\alpha_s\alpha_{s1}\gamma_c t_{沉}}$,则上式可简化为:

$$P_s = \frac{\alpha_{pw}}{h}[w_6^3(t_6-t_0) + w_7^3 t_7 + w_8^3 t_8 + w_9^3 t_9] \quad (6.1\text{-}21)$$

全航道淤积可利用上式分段计算累积而得:

$$Q = \alpha_{pw}[w_6^3(t_6-t_0) + w_7^3 t_7 + w_8^3 t_8 + w_9^3 t_9]\sum_{i=1}^{n}\left(\frac{\Delta l_i}{h_i}\right)b \quad (6.1\text{-}22)$$

式中:Q 为总淤积量;Δl_i 为分段长度;n 为分段数;$n = l/\Delta l$,l 为航道全长;b 为航道宽度。

航道边滩平均深度可用下式计算:

$$\frac{1}{h_a} = \frac{1}{n}\sum_{i=1}^{n}\left(\frac{1}{h}\right) \quad (6.1\text{-}23)$$

将式(6.1-23)代入式(6.1-22),得:

$$Q = \frac{\alpha_{Qw} bl}{h_a}[w_6^3(t_6-t_0) + w_7^3 t_7 + w_8^3 t_8 + w_9^3 t_9] \quad (6.1\text{-}24)$$

式中:α_{Qw} 为淤积系数,应通过实测资料求得。

3)系数 α_{Qw} 的确定

利用现场资料由式(6.1-24)确定系数 α_{Qw} 时,由于该式有量纲,为了使结果具有通用性,今采用如下无量纲参数:

$$\phi_Q = \frac{Q}{blh_a} \quad (6.1\text{-}25)$$

$$\psi_{Qw} = [w_6^3 t_6 + w_7^3 t_7 + w_8^3 t_8 + w_9^3 t_9]/h_a^2 \quad (6.1\text{-}26)$$

$$\psi_{0w} = w_6^3 t_0/h_a^2 \quad (6.1\text{-}27)$$

式(6.1-24)可写成无量纲通用公式:

$$\phi_{Qw} = A_Q(\psi_{Qw}-\psi_{0w})^{B_Q} = A_Q\left(1-\frac{\psi_{0w}}{\psi_{Qw}}\right)\psi_{Qw}{}^{B_Q} \quad (6.1\text{-}28)$$

将 ϕ_{Qw},ψ_{Qw},ψ_{0w} 代入上式得:

$$\frac{Q}{blh_a} = A_Q\left(1-\frac{w_6^3 t_0}{\sum_{i=6}^{i=9} w_i^2 t_i}\right)^{B_Q}\left(\frac{\sum_{i=6}^{9} w_i^2 t_i}{h_a^2}\right)^{B_Q} \quad (6.1\text{-}29a)$$

或

$$Q = A_Q \frac{blh_a}{(h_a^2)^{B_Q}} \left(1 - \frac{w_6^3 t_0}{\sum_{i=6}^{9} w_i^2 t_i}\right)^{B_Q} \left(\sum_{i=6}^{9} w_i^2 t_i\right)^{B_Q} \tag{6.1-29b}$$

式中：A_Q,B_Q 为代定系数，由实测资料确定。根据2002—2003年数次大风骤淤资料算得：$A_Q = 0.00354$；$B_Q = 1.7581$。

经2002—2003年四场大风实际淤积量检验，其预报误差在±20%以内（见表6.1-1），因此，可以采用此淤积量计算公式进行大风引起的淤积量预报。

大风作用下外航道相应淤积量表 表6.1-1

日　　期	有效风能（$\times 10^9$）	实测值（万 m^3）	有效风能法预测值（万 m^3）	误差（%）
2003.10.10	21.2	876	970	11
2003.4.17	8.74	282	319	13
2003.5.7	4.02	136	115	-15
2002.10.18	6.94	290	235	-19

6.2 外航道淤积统计特性

6.2.1 资料延伸

黄骅港地区长期的连续风资料年限不长。按照《港工规程》的要求，统计分析的风资料不得少于20年。为此，引用距黄骅港32km的黄花盐场1979—2001年风况资料，并与黄骅港新村气象站风况进行相关分析，相关曲线见图6.2-1，相关系数 $R=0.87$，关系式 $F_{黄骅港}=1.1016F_{盐场}$。由关系式可知，黄骅港的风速比盐场偏大10%。按照修正后的风况进一步对比两站56场风的"有效风能"，相关曲线图见图6.2-2，相关系数 $R=0.92$，关系式 $E_{黄骅港}=1.0103E_{盐场}$，两站"有效风能"基本相当。由此可见，采用黄骅盐场资料通过进一步修正后可以代表黄骅港新村站的风况。通过两站资料的综合，使得连续风资料达到25年，满足规范要求。

利用延伸后的大风资料，根据有效风能计算公式(6.1-7)计算了1979—2003年共25年历年最大一次有效风能，按大小顺序列于表6.2-1中。为便于比较，表中已将系数 $\alpha_w f_w \rho_a$ 消去，只列出了 $w_6^3(t_6 - t_0) + w_7^3 t_7 + w_8^3 t_8 + w_9^3 t_9$ 的值。

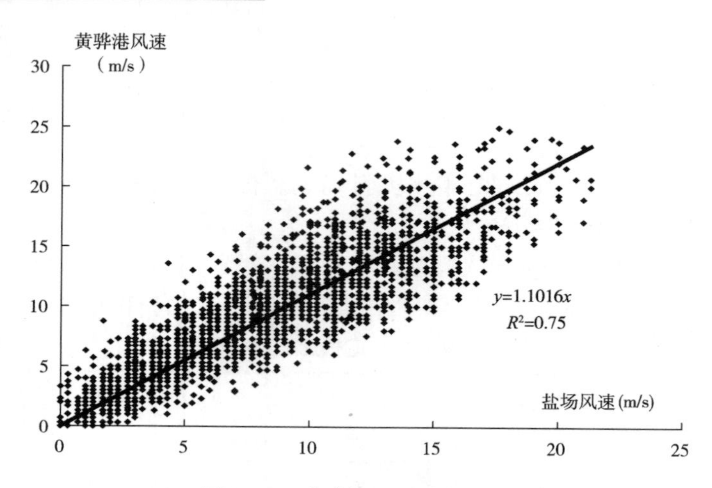

图 6.2-1　黄骅港～盐场风速关系

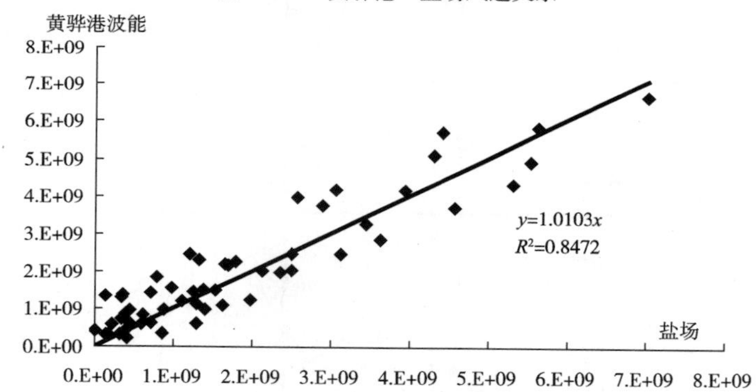

图 6.2-2　“有效风能”关系

1979—2003 年最大有效风能表　　　表 6.2-1

序号	年份	日　期	有效风能	序号	年份	日　期	有效风能
1	2003	10 月 11 日	2.12×10^{10}	9	1982	05 月 11 日	4.99×10^{9}
2	1994	04 月 30 日	1.51×10^{10}	10	2001	04 月 19 日	4.94×10^{9}
3	1997	08 月 19 日	1.35×10^{10}	11	1992	10 月 02 日	4.77×10^{9}
4	1979	01 月 26 日	1.26×10^{10}	12	1999	08 月 09 日	4.59×10^{9}
5	1993	11 月 15 日	1.17×10^{10}	13	1998	11 月 15 日	4.22×10^{9}
6	2002	10 月 18 日	6.94×10^{9}	14	1991	03 月 06 日	4.19×10^{9}
7	1995	03 月 20 日	5.70×10^{9}	15	1983	10 月 17 日	3.38×10^{9}
8	1981	03 月 07 日	5.31×10^{9}	16	1984	11 月 17 日	2.93×10^{9}

续上表

序号	年份	日　期	有效风能	序号	年份	日　期	有效风能
17	1987	11 月 25 日	2.76×10^9	22	1985	05 月 25 日	1.28×10^9
18	1996	10 月 30 日	2.72×10^9	23	1990	11 月 19 日	1.17×10^9
19	1980	04 月 12 日	2.21×10^9	24	1986	03 月 28 日	1.12×10^9
20	2000	09 月 04 日	2.05×10^9	25	1989	02 月 23 日	9.95×10^8
21	1988	05 月 19 日	1.38×10^9				

6.2.2 年最大骤淤统计分布特征

1)“有效风能”的统计分布特征

根据1979—2003年年最大“有效风能”,参照波浪和潮位频率分析方法,应用P-Ⅲ适线法和对数—正态分布法等预测方法,确定10、15、25年一遇最大“有效风能”。

在统计分析的时候,对于随机变量中特大值处理是个很重要的问题。由表6.2-1知,排在前5位的“有效风能”很大,且数量级相近,第6位以后各值相对较小。经分析,前5位的ν_p(模比系数)均大于2,根据经验可将前5项“有效风能”作为特大值处理,其余20年的“有效风能”能够代表一般年份的最大“有效风能”的特性。

推导过程中包括所有年最大“有效风能”在内的均值$\overline{E}_N$和离差系数CVN为:

$$\overline{E}_N = \frac{1}{N}\left(\sum_{i=1}^{\alpha} E_i + \frac{N-\alpha}{n-l}\sum_{j=l+1}^{n} E_j\right) \tag{6.2-1}$$

$$C_{VN} = \sqrt{\frac{1}{N-1}\left[\sum_{i=1}^{\alpha}(K_i-1)^2 + \frac{N-\alpha}{n-l}\sum_{j=l+1}^{n}(K_j-1)^2\right]} \tag{6.2-2}$$

式中,N为首项特大值的重现期,一般根据历史调查来确定N年出现的一次最大值,历史调查不可能得到精确的数据,N只是一个估计范围,但对于频率分析来讲,N值的精确度要求不高,N只要在一个大致合适的范围就足够了。根据中央气象台报告,首项最大“有效风能”所对应的大风2003年10月11日为46年来首次出现,因而,将N值定为50、45、40等几种情况来进行分析比较。

应用P-Ⅲ适线法、对数—正态分布法等预测方法,分析10、15、25年一遇“有效风能”。

(1)皮尔逊(K. Person)Ⅲ型曲线

对最大值分别做$N=50$、45、40、35及不做处理5种情况进行分析,得出频率曲线(图6.2-3),比较结果列于表6.2-2。

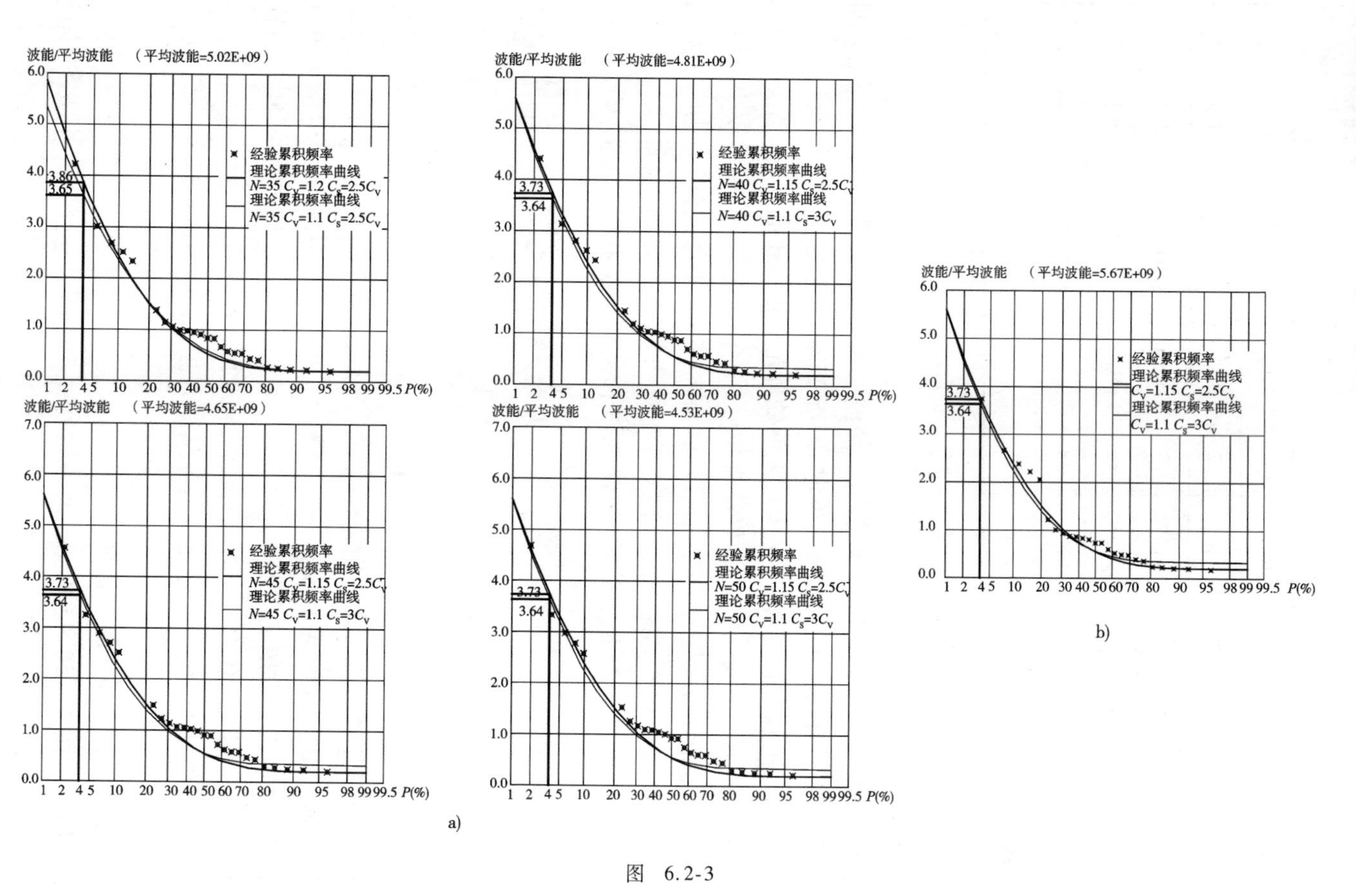

图 6.2-3

a)P-Ⅲ频率分析曲线(有效波能);b)有效波能 P-Ⅲ频率分析曲线

P-Ⅲ法分析不同重现期“有效风能”结果表　　表 6.2-2

N	曲线系数	“有效风能”重现期（$\times 10^9$）						
		50 年	25 年	20 年	15 年	10 年	5 年	2 年
50 年	$C_V=1.1, C_S=3.0C_V$	20.5	16.5	13.5	12.4	10.1	6.3	2.5
	$C_V=1.15, C_S=2.5C_V$	20.8	16.9	14.9	13.4	10.3	6.8	2.5
45 年	$C_V=1.1, C_S=3.0C_V$	21.1	16.9	14.8	13.3	10.4	6.5	2.6
	$C_V=1.15, C_S=2.5C_V$	21.3	17.4	15.3	13.8	10.7	7.0	2.6
40 年	$C_V=1.1, C_S=3.0C_V$	21.8	17.5	15.3	13.8	10.7	6.7	2.7
	$C_V=1.15, C_S=2.5C_V$	22.1	17.9	15.9	14.4	11.3	7.3	2.6
35 年	$C_V=1.1, C_S=2.5C_V$	22.1	18.3	16.1	14.6	11.7	7.6	2.9
	$C_V=1.2, C_S=2.5C_V$	24.0	19.4	17.1	15.4	12.1	7.5	2.7
不做处理	$C_V=1.1, C_S=3.0C_V$	25.7	20.6	18.1	16.3	12.6	7.9	3.2
	$C_V=1.15, C_S=2.5C_V$	26.0	21.2	18.7	16.9	13.2	8.6	3.1

曲线组中以 $N=45$、50 的经验点线形效果及曲线拟合为最好。据此得到 1979—2003 年历年最大“有效风能”重现期（表 6.2-3）。

1979—2003 年历年最大“有效风能”重现期　　表 6.2-3

序号	年份	日期	有效风能	重现期（年）	序号	年份	日期	有效风能	重现期（年）
1	2003	10 月 11 日	2.12×10^{10}	48～52	14	1991	03 月 06 日	4.19×10^9	2～3
2	1994	04 月 30 日	1.51×10^{10}	18～20	15	1983	10 月 17 日	3.38×10^9	2～3
3	1997	08 月 19 日	1.35×10^{10}	14～15	16	1984	11 月 17 日	2.93×10^9	2～3
4	1979	01 月 26 日	1.26×10^{10}	12～13	17	1987	11 月 25 日	2.76×10^9	2～3
5	1993	11 月 15 日	1.17×10^{10}	10～11	18	1996	10 月 30 日	2.72×10^9	2～3
6	2002	10 月 18 日	6.94×10^9	4～5	19	1980	04 月 12 日	2.21×10^9	1～2
7	1995	03 月 20 日	5.70×10^9	3～4	20	2000	09 月 04 日	2.05×10^9	1～2
8	1981	03 月 07 日	5.31×10^9	3～4	21	1988	05 月 19 日	1.38×10^9	1～2
9	1982	05 月 11 日	4.99×10^9	3～4	22	1985	05 月 25 日	1.28×10^9	1～2
10	2001	04 月 19 日	4.94×10^9	3～4	23	1990	11 月 19 日	1.17×10^9	1～2
11	1992	10 月 02 日	4.77×10^9	2～3	24	1986	03 月 28 日	1.12×10^9	1～2
12	1999	08 月 09 日	4.59×10^9	2～3	25	1989	02 月 23 日	9.95×10^8	1～2
13	1998	11 月 15 日	4.22×10^9	2～3					

(2)对数—正态分布法

以"有效风能"E为随机变量,令$\lg(e)=E$,E服从正态分布,其概率密度函数为:

$$f(E)=\frac{1}{\sigma_Q\sqrt{2\pi}}\exp\frac{-(E-\overline{E})^2}{2\sigma_Q^2} \tag{6.2-3}$$

$$f(e)=f(E)\frac{\mathrm{d}E}{\mathrm{d}e} \tag{6.2-4}$$

累积频率为:

$$P(e)=\int_0^{\infty}f(e)\,\mathrm{d}e \tag{6.2-5}$$

直线方程为:

$$\lg e_i=\overline{\lg e}+\sigma_{\lg e}t_i \tag{6.2-6}$$

对于资料中出现的特大值的相关处理和前述相同。图6.2-4为各种假定下的分析曲线。分析结果见表6.2-4。

对数—正态概率分析结果表 表6.2-4

N	相关系数R	"有效风能"重现期($\times10^9$)		
		25年	15年	10年
50	0.920	16.4	14.4	11.4
45	0.917	16.9	14.8	11.8
40	0.912	17.6	15.3	12.2
35	0.907	18.3	15.8	12.7
不做处理	0.888	20.6	17.4	14.1

(3)10、15、25年一遇最大"有效风能"的确定

从以上两种分析结果可知,在P-Ⅲ型适线分析和对数—正态分布分析中,把2003年10月11日大风产生的"有效风能"的重现期作为45年一遇的特大值处理,根据这两种频率分布分析,推算出重现期分别为10、15和25年一遇的"有效风能"为1.18×10^{10}、1.48×10^{10}、1.69×10^{10}。

2)淤积量的统计分布特征

根据第一节建立的"有效风能"和淤积量之间的关系式,计算1979—2003年25年历年最大"有效风能"所对应的淤积量(表6.2-5)。

利用1979—2003年25年历年最大骤淤量进行统计分析,分别采用P-Ⅲ型适线分析法和对数—正态分布法进行预测,得出相应的年最大骤淤量频率分布曲线。

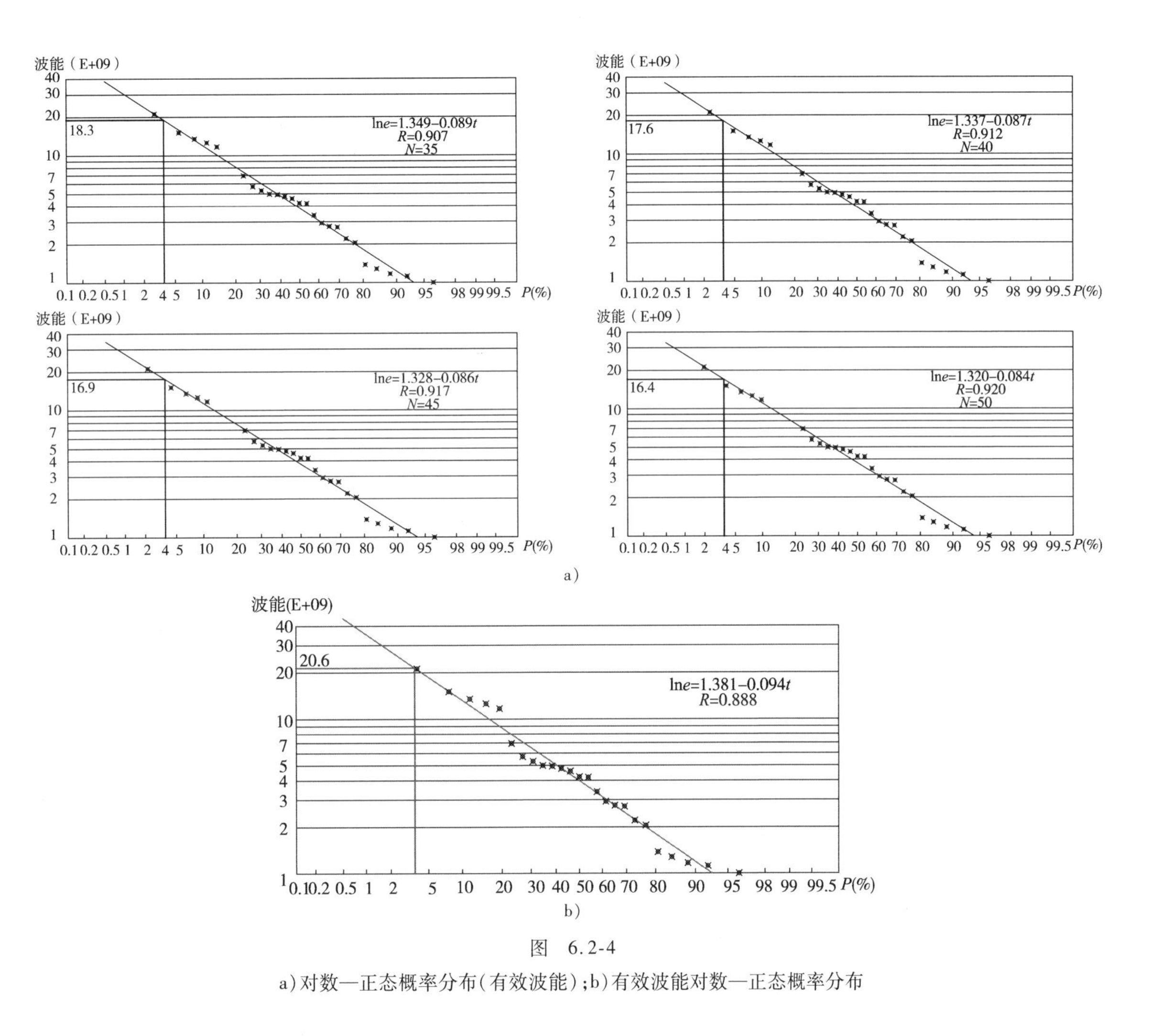

图 6.2-4

a）对数—正态概率分布（有效波能）；b）有效波能对数—正态概率分布

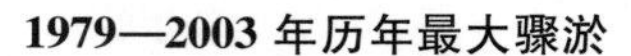

1979—2003 年历年最大骤淤　　表 6.2-5

序　号	年　份	日　期	有效风能	淤积量(万 m^3)	重现期(年)
1	2003	10 月 11 日	2.12×10^{10}	970	45 ~ 50
2	1994	04 月 30 日	1.51×10^{10}	656	17 ~ 23
3	1997	08 月 19 日	1.35×10^{10}	566	13 ~ 15
4	1979	01 月 26 日	1.26×10^{10}	515	11 ~ 13
5	1993	11 月 15 日	1.17×10^{10}	469	9 ~ 11
6	2002	10 月 18 日	6.94×10^{9}	235	4 ~ 5
7	1995	03 月 20 日	5.70×10^{9}	182	2 ~ 3
8	1981	03 月 07 日	5.31×10^{9}	165	2 ~ 3
9	1982	05 月 11 日	4.99×10^{9}	153	2 ~ 3
10	2001	04 月 19 日	4.94×10^{9}	150	2 ~ 3
11	1992	10 月 02 日	4.77×10^{9}	144	2 ~ 3
12	1999	08 月 09 日	4.59×10^{9}	137	2 ~ 3
13	1998	11 月 15 日	4.22×10^{9}	122	2 ~ 3
14	1991	03 月 06 日	4.19×10^{9}	121	2 ~ 3
15	1983	10 月 17 日	3.38×10^{9}	91	1 ~ 2
16	1984	11 月 17 日	2.93×10^{9}	75	1 ~ 2
17	1987	11 月 25 日	2.76×10^{9}	70	1 ~ 2
18	1996	10 月 30 日	2.72×10^{9}	68	1 ~ 2
19	1980	04 月 12 日	2.21×10^{9}	52	1 ~ 2
20	2000	09 月 04 日	2.05×10^{9}	47	1 ~ 2
21	1988	05 月 19 日	1.38×10^{9}	28	1
22	1985	05 月 25 日	1.28×10^{9}	25	1
23	1990	11 月 19 日	1.17×10^{9}	23	1
24	1986	03 月 28 日	1.12×10^{9}	21	1
25	1989	02 月 23 日	9.95×10^{8}	18	1

(1)皮尔逊(K. Person)Ⅲ型曲线

分别取 $N=50$、45、40、35 及不做处理 5 种方法进行适线,得出频率曲线如图 6.2-5 所示,数据见表 6.2-6。

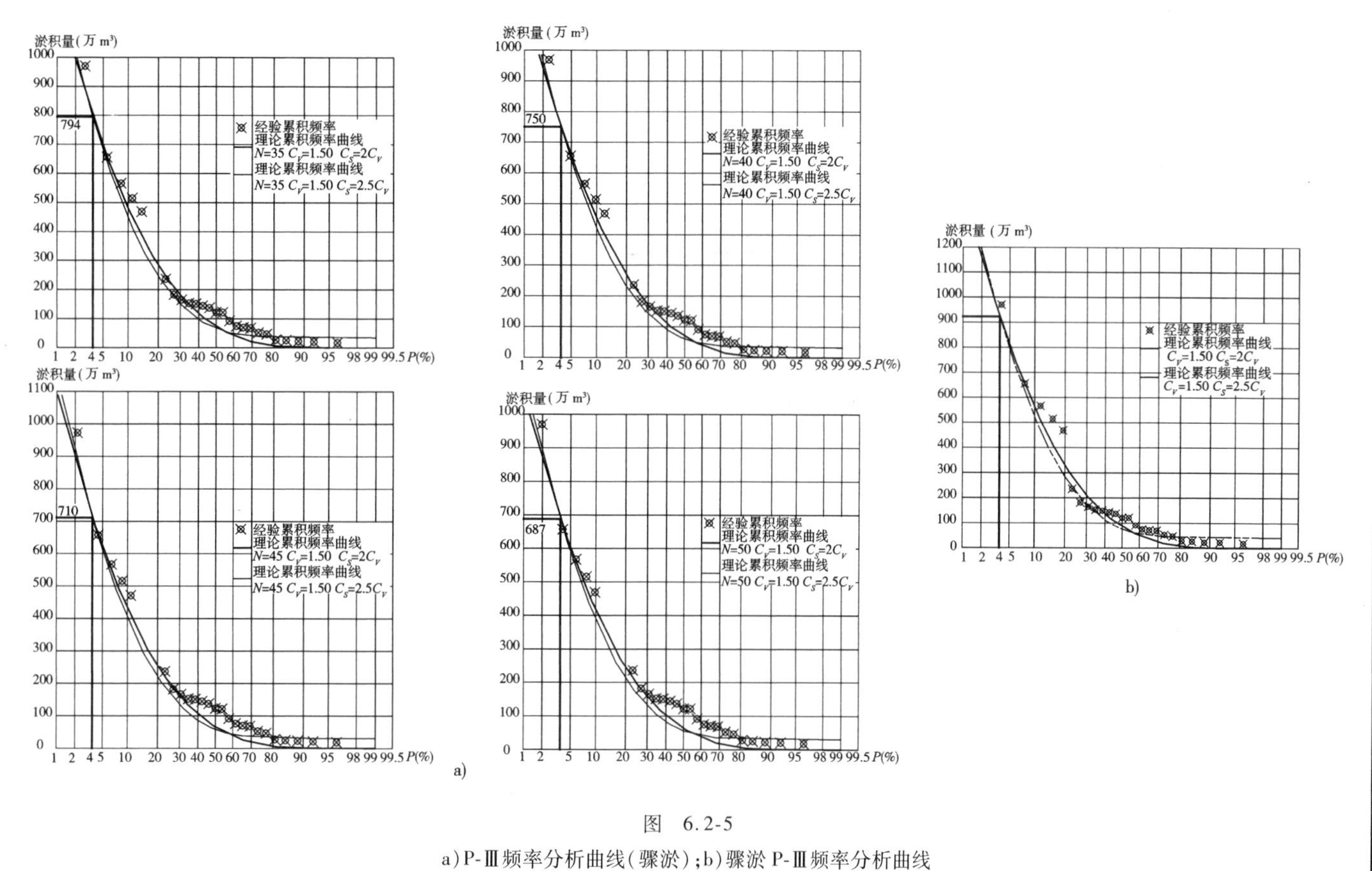

图 6.2-5

a）P-Ⅲ频率分析曲线（骤淤）；b）骤淤 P-Ⅲ频率分析曲线

频率分析骤淤量比较表　　表 6.2-6

N	曲线系数	骤淤量重现期（万 m^3）						
		50 年	25 年	20 年	15 年	10 年	5 年	2 年
50 年	$C_V=1.5, C_S=2.0\ C_V$	862	688	601	539	416	245	63
	$C_V=1.5, C_S=2.5\ C_V$	884	687	588	521	388	212	56
45 年	$C_V=1.5, C_S=2.0\ C_V$	890	711	622	558	430	253	65
	$C_V=1.5, C_S=2.5\ C_V$	914	710	608	539	401	219	57
40 年	$C_V=1.5, C_S=2.0C_V$	939	750	655	588	454	267	69
	$C_V=1.5, C_S=2.5C_V$	963	748	641	568	423	231	61
35 年	$C_V=1.5, C_S=2.0C_V$	994	794	694	623	480	283	73
	$C_V=1.5, C_S=2.5C_V$	1020	792	678	601	447	245	64
不做处理	$C_V=1.5, C_S=2.0C_V$	1157	924	808	725	560	329	85
	$C_V=1.5, C_S=2.5C_V$	1188	923	790	700	521	285	75

由图6.2-5 和表6.2-6 分析可知，对于同一 N 值，不同的 C_V 和 C_S，分布曲线虽有差异，但对于 10、15、25 年一遇的骤淤量影响不大。其中，$N=45$ 时经验点和理论曲线符合较好。因此可按该曲线确定重现期及相应的年最大骤淤量。表 6.2-5 中给出了按 P-Ⅲ 型分布曲线得出的 1979—2003 年历年年最大骤淤量及相应重现期。

(2)对数—正态概率分布

图 6.2-6 为 $N=50$、45、40、35 及不做处理的分析曲线，表 6.2-7 给出了分析结果。

对数—正态概率分析骤淤量表　　表 6.2-7

N	相关系数 R	重现期(万 m^3)		
		25 年	15 年	10 年
50	0.886	679	523	392
45	0.882	707	538	401
40	0.877	742	554	420
35	0.870	782	577	440
不做处理	0.849	918	664	492

从以上两种分析方法知，取 2003 年 10 月 11 日骤淤量的重现期为 45 年作为特大值处理，能得出较好的频率分布曲线。根据 P-Ⅲ 型曲线分布得出重现期为

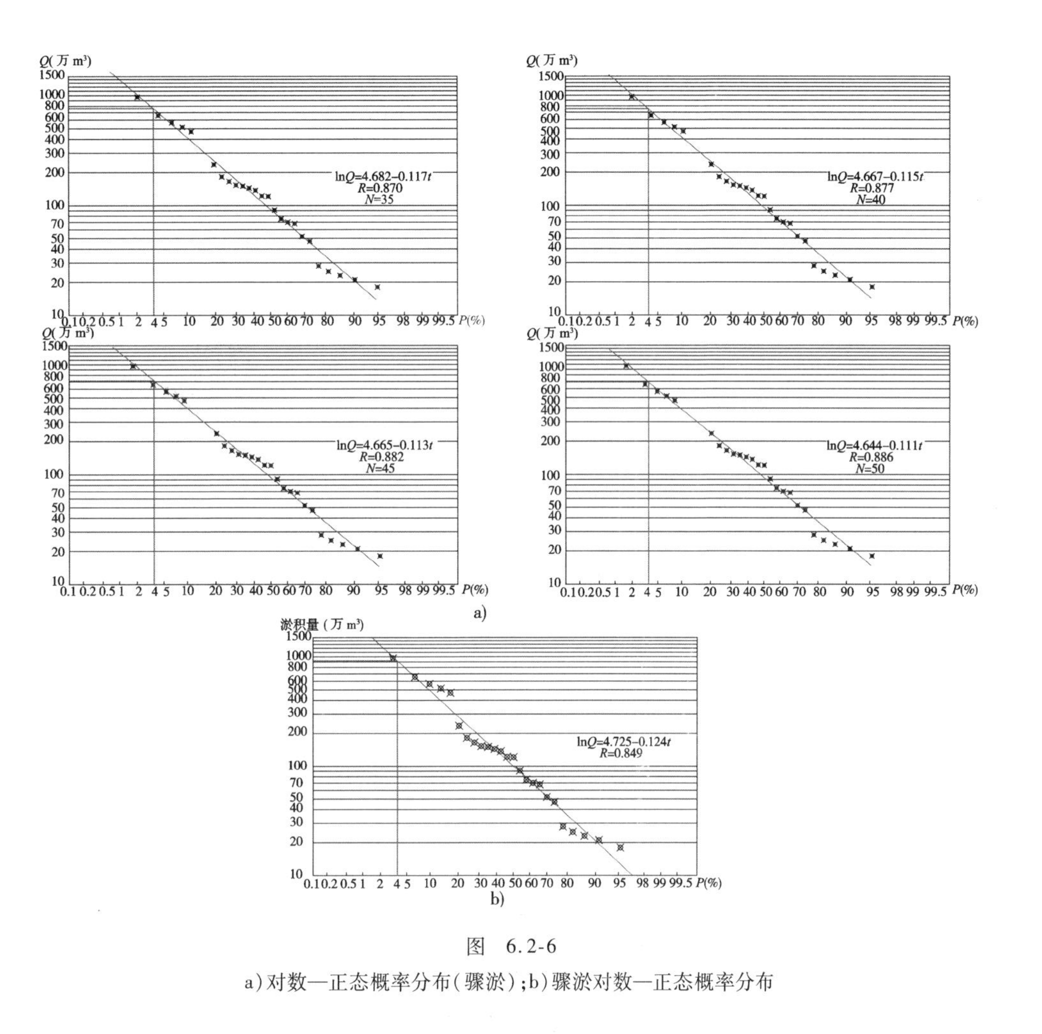

图 6.2-6

a）对数—正态概率分布（骤淤）；b）骤淤对数—正态概率分布

10、15、25年一遇的年最大骤淤量分别为430万 m^3、558万 m^3、711万 m^3；根据对数—正态分布得出重现期为10、15、25年一遇的年最大骤淤量分别为401万 m^3、538万 m^3、707万 m^3。

综合以上两种分析结果，分别取25、15、10年一遇骤淤量为700万 m^3、560万 m^3、430万 m^3 作为淤积沿程分布分析的控制标准。

6.2.3　年总淤积量统计特征

1)年淤积量的特点

黄骅港外航道年淤积量可概化为两部分组成，其一是正常淤积量，代表一般大风和小风天气引起的淤积量；其二是特殊大风引起的淤积量。根据以往分析计算得正常淤积量约为320万 m^3，但大风骤淤量却随各年的大风次数及强度的不同而不同，是一个随机量。因此只有通过多年年淤积量的统计分析，用重现期表达才符合实际情况。

2)历年外航道年淤积量的确定

黄骅港建港以来只有几年实际淤积量记载，按规范要求，对随机量进行统计分析时至少应有20年以上的资料，为此根据新村气象站及黄骅盐场气象站25年(1979—2003年)的风况资料，采用"有效风能"法计算各场特殊大风引起的W0+000~W21+000段淤积量，并以2002年和2003年实测航道淤积量作为验证标准，得出历年年淤积量(推算值)按大小顺序排列如表6.2-8所示。

1979—2003年年淤积量表　　表6.2-8

序号	年份	正常淤积量(万 m^3)	大风骤淤量(万 m^3)	年总淤积量(万 m^3)	重现期(年)
1	2003	320	1565	1885	45
2	1994	320	1136	1456	22~23
3	1997	320	946	1266	16~17
4	1979	320	784	1104	12~13
5	1993	320	783	1103	12~13
6	2002	320	636	956	9~10
7	1995	320	578	898	8~9
8	1981	320	364	684	5~6
9	1982	320	350	670	5~6
10	2001	320	214	534	3~4
11	1992	320	197	517	3~4
12	1999	320	182	502	2~3

续上表

序　号	年　份	正常淤积量（万 m^3）	大风骤淤量（万 m^3）	年总淤积量（万 m^3）	重现期（年）
13	1998	320	171	491	2～3
14	1991	320	153	473	2～3
15	1983	320	137	457	2～3
16	1984	320	136	456	2～3
17	1987	320	70	390	2～3
18	1996	320	0	320	1
19	1980	320	0	320	1
20	2000	320	0	320	1
21	1988	320	0	320	1
22	1985	320	0	320	1
23	1990	320	0	320	1
24	1986	320	0	320	1
25	1989	320	0	320	1
平均	—	320	336	656	5

3)年淤积量的频率分布曲线

年淤积量频率分布曲线如图6.2-7所示，由此曲线可以得出10、15、25年一遇黄骅港外航道年总淤积量分别为961万 m^3、1213万 m^3、1500万 m^3。

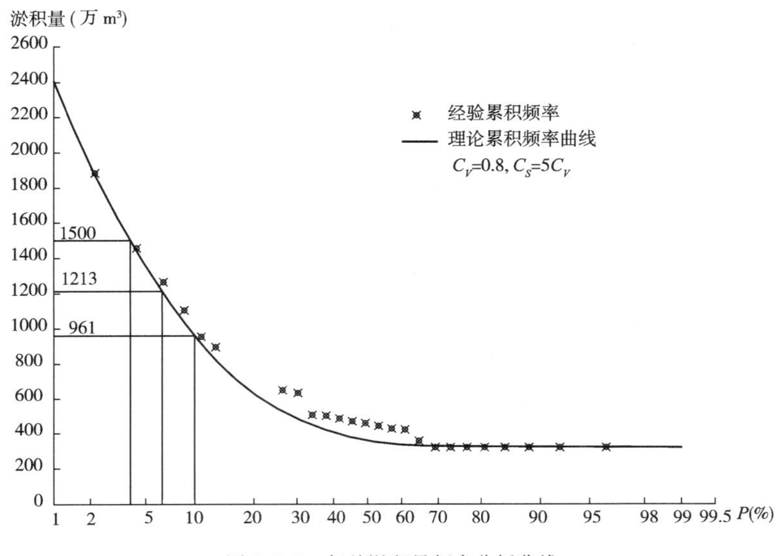

图6.2-7　年总淤积量频率分析曲线

7 外航道淤积量计算

计算外航道回淤量的关键是确定外航道沿程含沙量及回淤计算方法。由于大风时含沙量很难获得,而粉沙质海岸的航道淤积计算方法又不成熟,此外,根据多次现场观测,大风期间黄骅港海区底部存在高浓度含沙水体,对外航道淤积影响极大。如何计算这部分的回淤量,目前还在探讨。本章提出了外航道淤积分析方法,以几次大风的现场实测资料作为基础,首先对水体挟沙力进行率定,然后对另外几次大风骤淤做了校核和验证,证明本方法是可行的。最后计算了外航道在 10、15、25 年一遇骤淤及年总淤积量的淤强沿程分布,并计算了外航道疏浚拓宽后在上述自然条件下的淤积。

7.1 资料整理

7.1.1 含沙量的确定

1)含沙量

含沙量 S 与波流动力、泥沙水力特性及当地自然条件等因素有关,可利用现场资料和以下挟沙力公式[1]求得相关系数后,进一步推算出各处含沙量。

$$S_{*} = \alpha \frac{\gamma_s \gamma}{\gamma_s - \gamma} \cdot \frac{(u_c + \beta u_w)^3}{gh\omega_s} \tag{7.1-1}$$

式中:γ_s、γ 分别为泥沙颗粒和水的密度,$\gamma_s = 2650\text{kg/m}^3$,$\gamma = 1000\text{kg/m}^3$;$u_c$ 为水流速度;u_w 为波浪底部水平速度幅值;h 为水深;ω_s 为泥沙沉降速度;粉沙质海岸 $\beta = 0.64$;系数 α 根据当地实测资料确定。

2)口门段航道内含沙量的确定

涨潮时段和落潮时段分开考虑。

涨潮时段口门含沙量由当地波浪、水流等动力所决定,仍可采用(7.1-1)式计算。

$$S_{口涨} = \alpha \frac{\gamma_s \gamma}{\gamma_s - \gamma} \cdot \frac{(u_c + \beta u_w)^3}{gh\omega_s} \tag{7.1-2}$$

式中:$S_{口涨}$为口门处涨潮时含沙量。

落潮时段口门含沙量由港内出流的水流含沙量所决定,并受口门处堤头绕流及横流影响,可由下式确定:

$$S_{口落} = \alpha_{落} S_{口涨} \tag{7.1-3}$$

$$\alpha_{落} = 1 - \eta\left(1 - \frac{t_2}{T_{落}}\right) \tag{7.1-4}$$

式中:$S_{口落}$为落潮时口门处含沙量;$\alpha_{落}$为折减系数;η为港内泥沙回淤率;t_2为落潮期口门绕流及横流时段;$T_{落}$为落潮时间。

由此可知,口门平均含沙量$S_{口}$可由下式确定:

$$S_{口} = \frac{T_{涨} + \alpha_{落} T_{落}}{T_{涨} + T_{落}} S_{口涨} \tag{7.1-5}$$

式中:$T_{涨}$为涨潮时间。

3)航道内稀释长度的确定

落潮时港内出流的水体含沙量小于港外的水体含沙量,但受港内落潮、口门横流和沿堤流等影响,出流含沙量逐渐增加至一定距离后,含沙量将与港外含沙量一致,从口门至与港外含沙量融成一致的距离称稀释长度l_s,可由下式确定:

$$l_s = \alpha_l b \tag{7.1-6}$$

$$\alpha_l = \frac{u_{落} h_{口}}{\varepsilon_b} \tag{7.1-7}$$

式中:b为航道宽度;$u_{落}$为落潮时水流速度;ε_b为泥沙横向扩散速度。

4)航道内稀释段内含沙量的确定

稀释段内含沙量沿程分布呈线性变化,各点含沙量可由下式确定:

$$S_{(x)} = S_{口} + (S_l - S_{口})\frac{x}{l} \tag{7.1-8}$$

式中:x为计算点与口门的距离;S_l为稀释长度l_s处的含沙量。

利用本地区2001年11月15日和2003年3月21日的现场波浪、含沙量资料得春夏季挟沙力公式的$\alpha = 0.15$;秋季的$\alpha = 0.19$(表7.1-1)。利用α值代入式(7.1-1)得出含沙量计算值$S_{计}$,并与2002—2003年4次大风骤淤实测值推算出含沙量$S_{测}$进行对比,结果基本一致(图7.1-1)。证明所得α值可用于本海区。

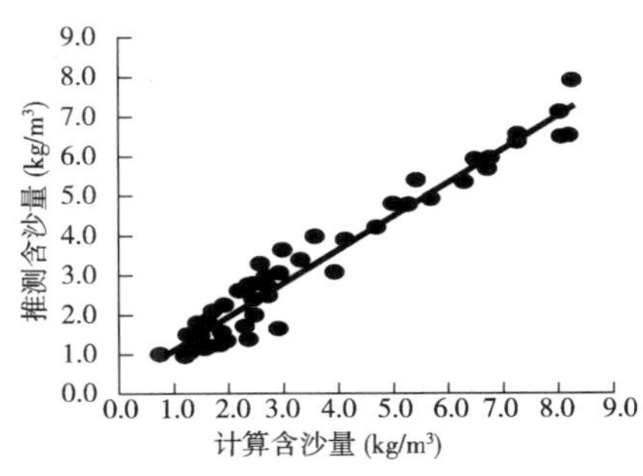

图7.1-1 $S_{测}$与$S_{计}$ c对比图

α 率定表 表7.1-1a)

里程	6+8	8+6	10+5	12+3	13+8	15+3	平均
水深(m)	4.7	5.5	6.0	6.2	6.6	7.4	—
波高(m)	1.79	1.79	1.79	1.79	1.78	1.78	1.79
实测 S(kg/m^3)	0.92	0.91	0.88	0.59	0.57	0.60	0.74
α	0.14	0.19	0.22	0.16	0.17	0.25	0.19

α 率定表 表7.1-1b)

里程	1+4	3+0	1+4	3+0	平均
水深(m)	3.6	3.9	3.6	3.9	—
波高(m)	2.0	2.2	2.0	2.2	2.1
实测 S(kg/m^3)	1.95	3.19	3.08	2.78	2.75
α	0.10	0.16	0.16	0.14	0.15

7.1.2 外航道淤积计算公式

计算粉沙质海岸外航道的淤积时要考虑三个内容:①主水体的悬移质淤积;②底部高浓度含沙水层的淤积;③推移质淤积。这三部分淤积机理不同,需要分别考虑。

1)悬移质淤积

$$\Delta_s = \frac{k_s huS}{\gamma_s b}\left[1 - \left(\frac{h_1}{h_2}\right)^{0.56}\cos^2\theta - \left(\frac{h_1}{h_2}\right)^3\sin^2\theta\right]\sin\theta \quad (7.1\text{-}9)$$

2)底部高浓度含沙水层淤积

$$\Delta_{sb} = \frac{k_s huS}{\gamma_s b}A\sin\theta \quad (7.1\text{-}10)$$

3)推移质淤积

$$\Delta_b = \frac{\beta\omega_s\rho}{\gamma_b b\sqrt{gd_{50}}}\left(1 - \frac{u_e^2}{u^2}\right)u^3\sin\theta \quad (7.1\text{-}11)$$

式中:S 为含沙量;γ_s 为淤积土干容重;b 为航道宽度;θ 为水流与航道夹角;u

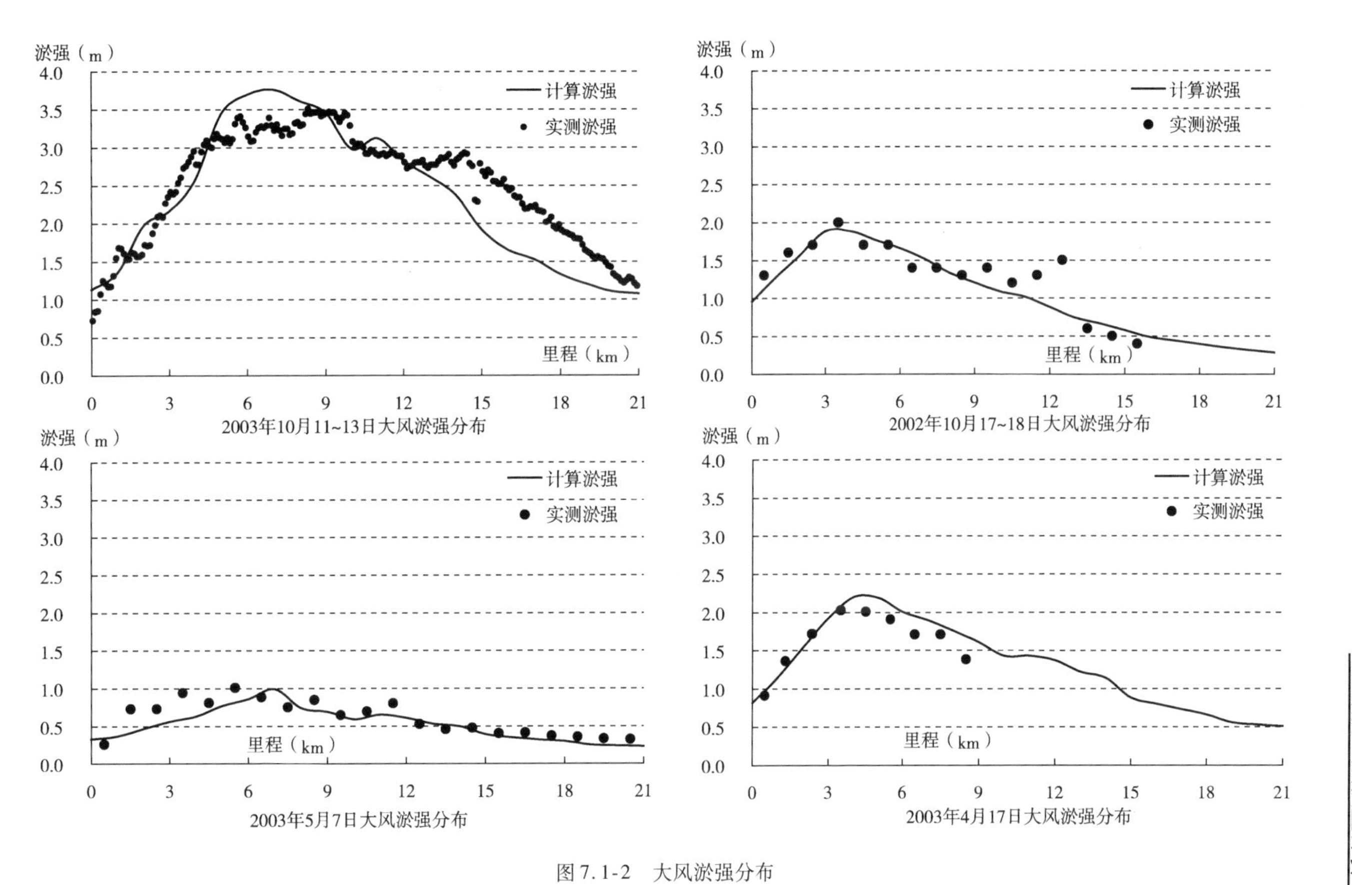

淤强（m）
里程（km）
计算淤强
实测淤强
2003年10月11~13日大风淤强分布
2002年10月17~18日大风淤强分布
2003年5月7日大风淤强分布
2003年4月17日大风淤强分布

图 7.1-2 大风淤强分布

为航道边滩流速;h_1、h_2 分别为边滩上和航道内的水深;k_s 为悬移质、推移质共存时的悬移质输沙的分配系数;A 为系数,根据现场实测和水槽试验得 $A=0.10\sim0.40$;ω_s 为泥沙沉降速度;ρ 为水体密度;u_e 为泥沙临界起动流速;d_{50} 为泥沙中值粒径;β 为待定系数,可通过实验资料确定。根据水槽实验,潍坊港的 $\beta=2.52\times10^{-4}\sim1.69\times10^{-3}$,平均为 8.45×10^{-4};黄骅港的 $\beta=1.51\times10^{-3}\sim7.33\times10^{-3}$,平均为 4.77×10^{-3}。

4)系数的确定

以上几个公式中的系数 k_s、A、β 与当地海洋动力和泥沙条件有关,应通过现场实测资料和水槽试验确定,根据黄骅港区泥沙的水槽试验得出:$A=0.10\sim0.40$;$k_s=0.34\sim0.73$,平均为 0.53;$\beta=1.51\times10^{-3}\sim7.33\times10^{-3}$,平均为 4.77×10^{-3}。

7.1.3 计算验证

利用上述各式对 2002—2003 年 4 次特大风的现场骤淤资料进一步计算验证,这 4 场大风过程(2002 年 10 月 17 日;2003 年 4 月 17 日;2003 年 5 月 7 日;2003 年 10 月 11 日)均有较完整的现场淤积资料。在验证校核中,根据本文得出的系数 α 代入公式(7.1-1)后利用淤积计算公式,分别计算了 4 次大风骤淤,结果见图 7.1-2,计算结果与现场实测基本一致。

7.2 骤淤量沿程分布

7.2.1 10、15、25 年一遇的骤淤沿程分布计算

10、15、25 年一遇的最大骤淤可由多种组合构成,本研究考虑两种组合情况。

情况 1:根据前述含沙量和淤积量计算公式,以前一章得出的 10、15、25 年一遇 W0+000 ~ W21+000 航道加边坡总淤积量为 430 万 m^3、560 万 m^3、700 万 m^3 作为控制指标,计算了 10、15、25 年一遇的骤淤沿程分布情况,计算结果见图 7.2-1。

情况 2:以 2003 年 10 月 13 日波况为基础,选取一般大风作用时间,以 W0+000 ~ W21+000 航道加边坡总淤积量为 430 万 m^3、560 万 m^3、700 万 m^3 作为控制指标,计算了沿程分布,计算结果见图 7.2-1。

分析以上两种情况,淤强沿程分布相近,以后分析以情况 1 的骤淤量和沿程分布作为减淤的基本对象。

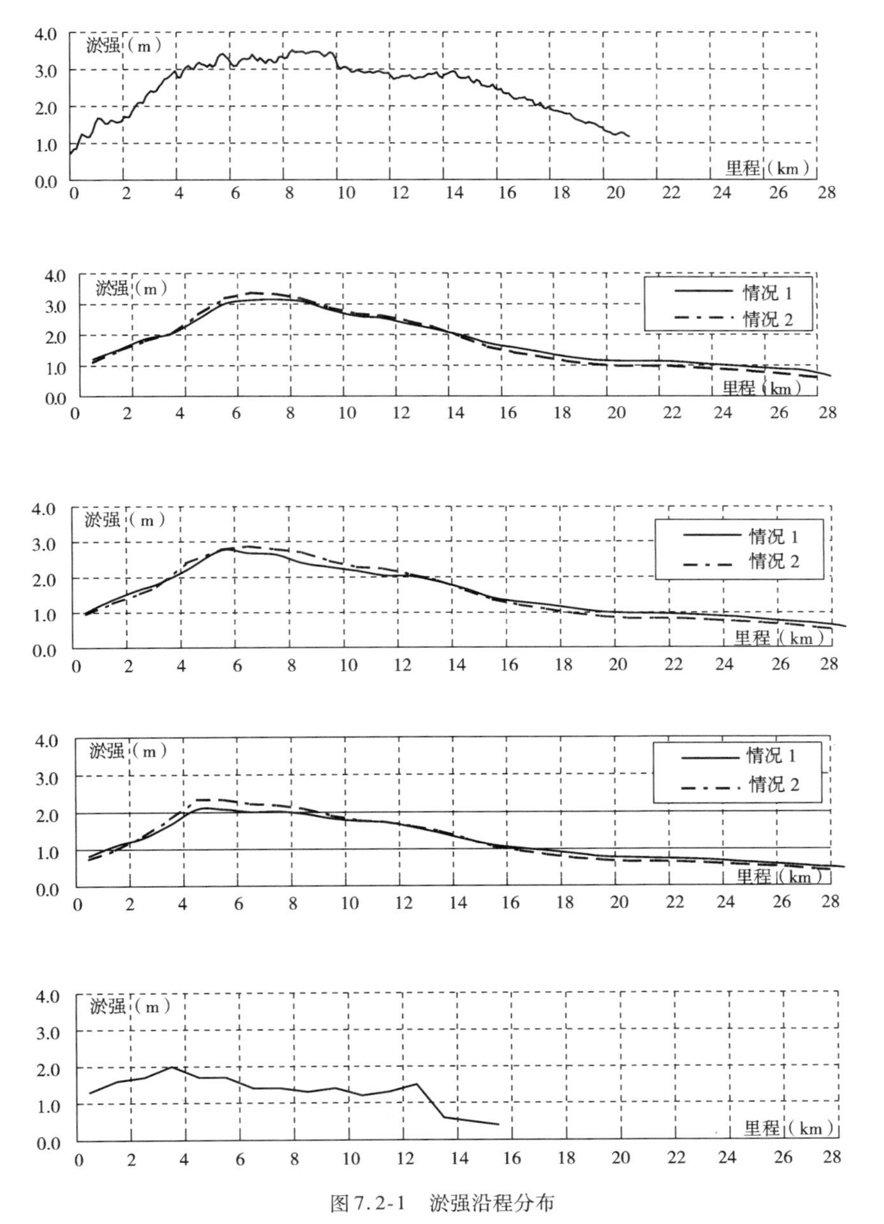

图 7.2-1 淤强沿程分布

a)2003 年 10 月 11 日大风后淤强沿程分布；b)25 年一遇“骤淤”淤强沿程分布；c)15 年一遇“骤淤”淤强沿程分布；d)10 年一遇“骤淤”淤强沿程分布；e)2002 年 10 月 18 日大风淤强沿程分布

7.2.2 含沙量垂线分布

含沙量的垂线分布对黄骅港整治工程研究至关重要。以下从理论上探讨了延堤前外航道浅滩的含沙量垂线分布。

(1)含沙量垂线分布公式

悬移质含沙量分布采用式(4.1-4):

$$S = \bar{S}\left(\frac{h-z}{h-0.65h}\right)^{-\frac{\omega_b}{\kappa u_*}}\exp\left(-\frac{(\omega_b-\omega_s)(z-0.65h)}{\kappa u_* h}\right)$$

(2)底部高浓度含沙水体厚度 h_b 的确定

根据水槽试验和现场资料分析知 h_b 很小,水槽试验 h_b 约为3~5cm,现场资料分析 h_b 约为1m。根据赵冲久[2]的研究,h_b 与底部沙纹长度有关,可由下式确定:

$$h_b = 0.1\frac{a_m\sigma}{\omega}\eta \qquad (7.2\text{-}1)$$

式中:a_m 为波浪底部水质点水平振幅,$a_m = \dfrac{H}{2\sinh\left(\dfrac{2\pi}{\lambda}h\right)}$;$\sigma$ 为波浪圆频率,$\sigma = \dfrac{2\pi}{T}$;ω 为泥沙沉降速度;η 为系数,可由下式确定:$\Psi < 150$ 时,$\eta = a_m(0.275 - 0.022\Psi^{0.5})$;$\Psi \geq 150$ 时,$\eta = 100d_{50}$。

(3)垂线分布

利用现场实测资料对公式(4.1-4)进行验证,由公式计算得出的含沙量垂线分布与现场实测数据符合很好。由此可知,此含沙量垂线分布公式可在工程中应用。

(4)沿程含沙量的垂线分布

利用式(4.1-4)计算了10、15、25年一遇骤淤时平均潮位下沿程各断面含沙量垂线分布,见图7.2-2。

7.2.3 外航道浚深和拓宽后骤淤沿程分布预测

外航道浚深和拓宽后,回淤量将发生变化。推移质和底部高浓度含沙量的总淤积量不变,但淤强应降低。悬移质回淤量则随航道的浚深和拓宽有所增加,淤强却因航道的拓宽略有降低。利用本文理论公式计算了外航道浚深至-11.5m和拓宽至150m后的骤淤沿程分布情况(图7.2-3)。

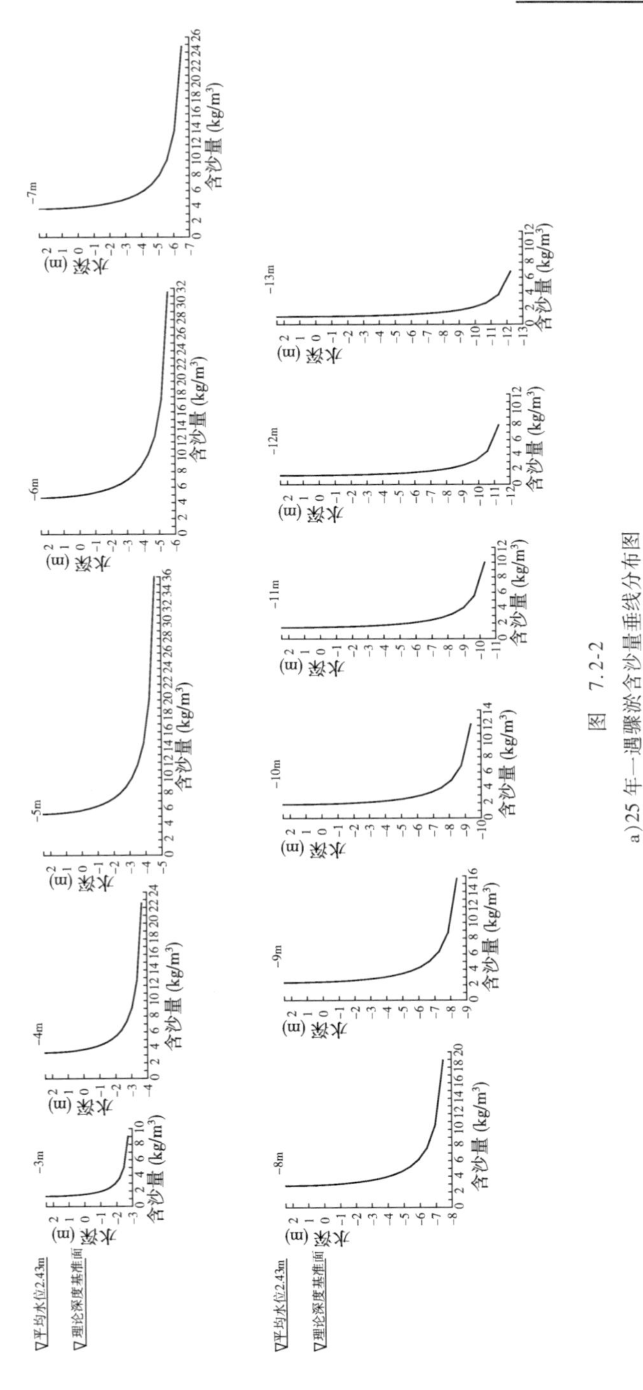

图 7.2-2

a）25 年一遇骤淤含沙量垂线分布图

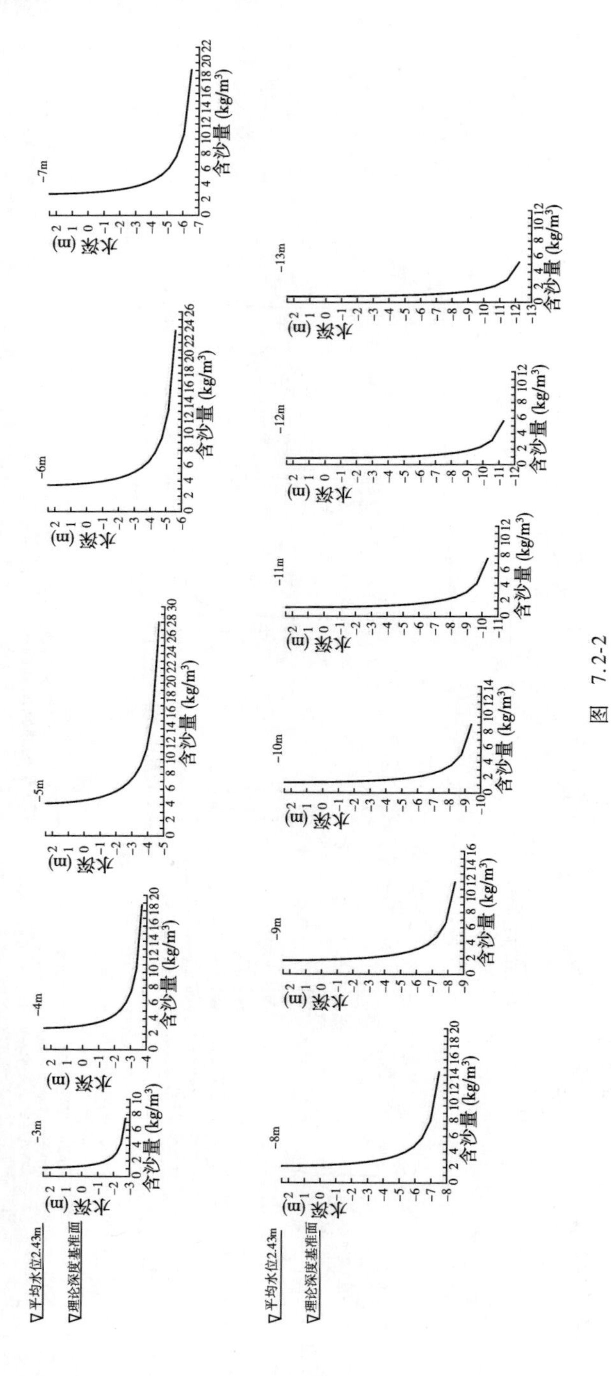

图 7.2-2

b)15 年一遇骤淤含沙量垂线分布图

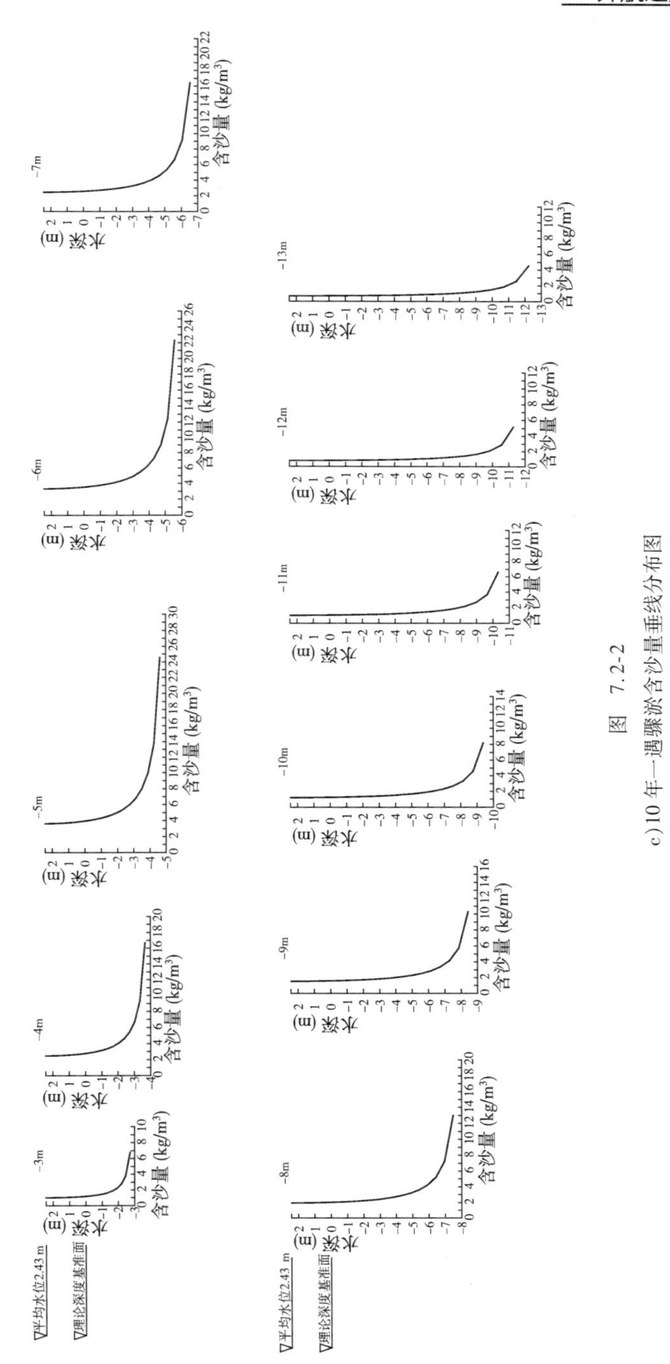

图 7.2-2

c)10年一遇骤淤含沙量垂线分布图

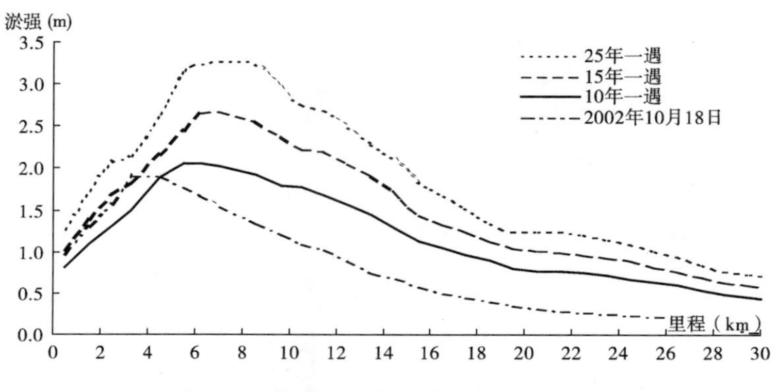

图 7.2-3　扩建后不同重现期淤强沿程分布图

7.3　年总淤积量沿程分布

7.3.1　10、15、25 年一遇的年淤积沿程分布计算

各年的大风次数及强度均不相同，且不同骤淤的淤积分布也不同，因此对于某一淤积量可能有不同的淤积分布。由于大风出现的随机性，对于 10、15、25 年一遇的年淤积量，按下列大风组合，并以前章所述不同重现期的(W0 + 000 ~ W21 + 000)淤积量作为控制指标，计算沿程的淤积分布。

(1)25 年一遇的年淤积量由正常淤积量 320 万 m^3、25 年一遇、2003 年 4 月 17 日和 2003 年 5 月 7 日几次特殊大风的骤淤量组成。

(2)15 年一遇的年淤积量由正常淤积量 320 万 m^3、15 年一遇、2003 年 4 月 17 日和 2003 年 5 月 7 日几次特殊大风的骤淤量组成。

(3)10 年一遇的年淤积量由正常淤积量 320 万 m^3、10 年一遇和 2003 年 5 月 7 日几次特殊大风的骤淤量组成。

淤积量的淤强分布和淤积量累积分布见图 7.3-1。

对于“年总淤积量”的平均值 656 万 m^3，认为其为 1979—2003 年 25 年中，一种平均自然条件下的淤积量。此淤积的沿程分布仍会因大风出现的次数及强度的不同而不同。以年正常淤积量 320 万 m^3 和 2002 年 10 月 18 日的大风为组合，并以 W0 + 000 ~ W21 + 000 段淤积量为 656 万 m^3 控制，计算这一平均量的沿程淤积分布(图 7.3-1)

7.3.2　外航道浚深和拓宽后的年淤积量推算

按照上述方法，外航道浚深至-11.5m 和拓宽至 150m 后外航道 10、15、25 年一遇及平均年份下的年淤积量和累积淤积量沿程分布见图 7.3-2。

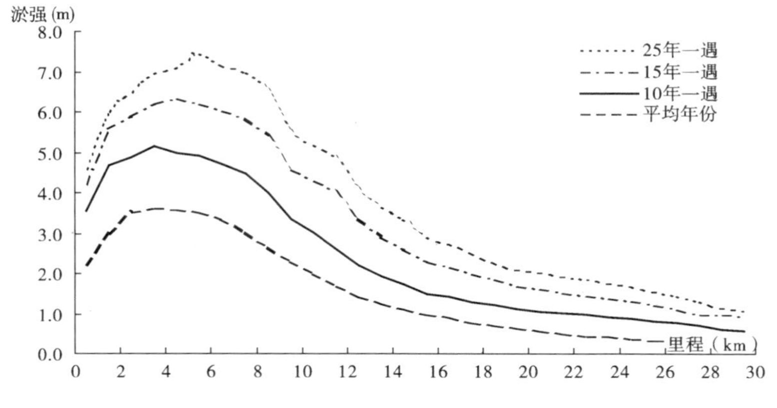

图7.3-1 不同重现期年总淤强沿程分布

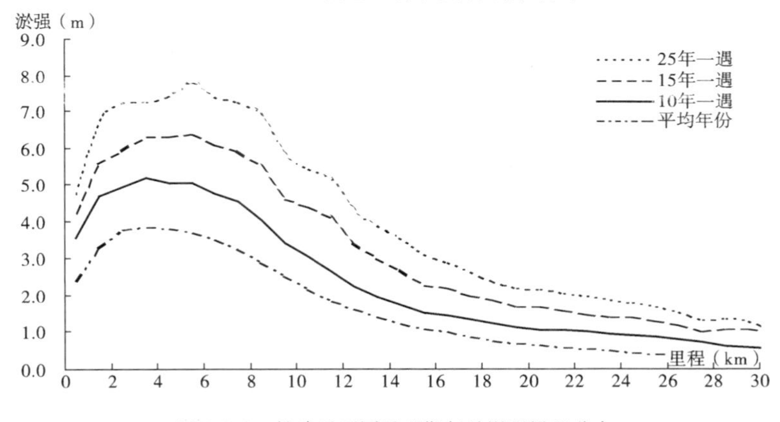

图7.3-2 扩建后不同重现期年总淤强沿程分布

参考文献

[1] 曹祖德，李蓓，孔令双. 波、流共存时的水体挟沙力. 水道港口. 2001，22(4)，1～5

[2] 赵冲久. 近海动力环境中粉沙质泥沙运动规律的研究. 天津大学建筑工程学院博士论文. 2003

8 整治方案的确定

黄骅港航道淤积的治理应遵循整治与疏浚相结合的原则。确定工程措施研究之前,应首先明确整治标准,而后在既定的标准下研究具体实施方案。

黄骅港的航道整治方案是一个复杂的系统工程,整治方案的布置和尺度不仅取决于整治目标的实现,也要考虑工程后水沙条件的变化、疏浚能力的配置和工程投资等诸多因素。

8.1 意见汇总

多家研究单位参与了黄骅港外航道整治措施的研究,包括交通部天津水运工程科学研究所、华东师范大学、长江航道建设有限公司、南京水利科学研究院、天津大学、清华大学、河海大学、中国海洋大学等。各家的整治方案意见汇总见表8.1-1。

各家整治方案列表 表8.1-1

<table>
<tr><th>序号</th><th>形　式</th><th>示 意 图</th><th>堤头终点</th><th>堤顶高程</th><th>备注</th></tr>
<tr><td rowspan="3">1</td><td>沿航道走向先等长双堤,后南侧单堤</td><td> </td><td>一期双堤 W6 +0
二期单堤 W10 +0</td><td rowspan="3">一期堤顶高程 +2.5m
二期根据一期效果待定</td><td rowspan="3"></td></tr>
<tr><td>沿航道走向先等长双堤,后北侧单堤</td><td> </td><td>一期双堤 W6 +0
二期单堤 W10 +0</td></tr>
<tr><td>沿航道走向等长双堤</td><td> </td><td>一期到 W6 +0
二期到 W10 +0</td></tr>
<tr><td rowspan="3">2</td><td>沿航道走向延伸导堤</td><td rowspan="2"> </td><td>-5m 水深左右</td><td>+4.2m</td><td rowspan="3">如做潜堤,堤顶采用变高程,高度需进一步试验确定</td></tr>
<tr><td>沿航道走向延伸导堤</td><td>-5m 水深左右</td><td>分段降低顶高程</td></tr>
<tr><td>宽间距潜堤两侧对称,各距航道 1km</td><td> 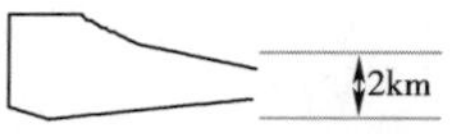2km</td><td>-7m 水深左右</td><td>-2m</td></tr>
</table>

续上表

序号	形　式	示 意 图	堤头终点	堤顶高程	备注
3	沿航道走向延伸导堤		一期到 W9 +0 二期到 W15 +0	变高程	尺寸需试验确定
4	45°～225°方向延伸导堤		W10 +0	与原高程相等	
5	先与 W3 +0 以外的航道呈 12°的外八字到 W6 +0,再呈内八字收缩到 W12 +0		外八字到 W6 +0 内八字到 W12 +0	6 +0 内 2.5m 6 +0 外 -1.5m	
	先与 W3 +0 以外的航道呈 10°的外八字到 W8 +0,再呈内八字收缩到 W15 +0		外八字到 W8 +0 内八字到 W15 +0	8 +0 内 2.5m 8 +0 外 -1.5m	
6	外八字翼墙				角度和长度需要进行试验研究确定
	沿外航道防沙潜堤		至少 W10 +0		尺寸需要试验确定
7	南、北各建平行于海岸线的防沙堤		南、北各 5km		
	延长导堤			潜堤	

8.2 整治尺度确定

外航道整治工程基本尺度主要是指防沙堤的长度和高度。

8.2.1 防沙堤的长度

防沙堤长度由堤头位置确定,而堤头位置又主要由整治工程抵御不同重现期骤淤的强度所决定,即需满足:①在航道通航水深为 -11.5m 的情况下,大风后航道骤淤强度能维持在 -9.8m(骤淤备淤深度 1.7m 的水深),保证 3.5 吨级船舶全年通航水深的要求;②堤头位置要考虑波浪破碎位置、含沙量沿程分布、航道内最大淤强位置、淤强沿程分布和减淤的效果等因素。

表 8.2-1 列出了不同重现期和不同潮位时破波位置;表 8.2-2 列出了不同重现期波浪作用下航道内含沙量沿程变化。不同重现期淤强沿程分布和最大淤强位

置见图 7.3-2。由此可知:①在低潮位时,破波带的外边缘大致在 -6.0m,相当于 W10 +0 附近;②航道边滩含沙量的沿程分布里大外小,其中以 -6.0 ~ -7.0m (W10 +0 ~ W11 +0)处衰减最快;③航道最大淤强大致在 W3 +0 ~ W9 +0 之间,重现期愈大,最大淤强位置愈远,最远可达 W9 +0 附近。

破 波 位 置 表 8.2-1

重现期	波向	平均高潮位(3.58m)	中潮位(2.43m)	平均低潮位(1.28m)
25 年	NE-ENE	-3.9m(W3 +0 附近)	-5.2m(W7 +0 ~ W8 +0)	-6.5m(W13 +0 附近)
15 年	NE-ENE	-3.1m(口门附近)	-4.3m(W5 +0 ~ W6 +0)	-5.6m(W9 +0 附近)
10 年	NE-ENE	-2.7m(口门附近)	-4.0m(W4 +0 附近)	-5.2m(W8 +0)

不同重现期波浪作用下航道边滩含沙量沿程分布 表 8.2-2

底标高		-3m	-4m	-5m	-6m	-7m	-8m	-9m	-10m	-11m
25 年一遇	波高(m)	3.0	3.23	3.33	3.42	3.51	3.57	3.64	3.70	3.75
	垂线平均(kg/m³)	10.86	9.52	8.0	7.0	5.5	4.2	3.48	2.71	2.22
15 年一遇	波高(m)	2.91	3.02	3.12	3.19	3.27	3.33	3.39	3.44	3.49
	垂线平均(kg/m³)	9.06	7.90	6.22	5.23	4.24	3.20	2.65	2.01	1.69
10 年一遇	波高(m)	2.79	2.90	2.99	3.06	3.12	3.18	3.24	3.28	3.33
	垂线平均(kg/m³)	8.14	7.05	5.46	4.95	3.65	2.89	2.29	1.82	1.47

从不同重现期淤强分布可以看出,在 2002 年 10 月 18 日大风及 10 年、15 年和 25 年一遇强风骤淤情况下,淤后可达 1.7m 的位置分别在 W7 +0、W12 +0、W15 +0 和 W18 +0 处。如果考虑短时间内出现二次大风时,最大淤强控制在 1.7m 以内,则防止不同重现期骤淤的期望堤长为:

25 年一遇骤淤时:堤长 W18 +0 ~ W19 +0;

15 年一遇骤淤时:堤长 W15 +0 ~ W16 +0;

10 年一遇骤淤时:堤长 W12 +0 ~ W13 +0。

上述期望堤长范围内无防沙堤掩护时的淤积量与整个外航道淤积量的比值分别为 80%、70%、60%。

从不同骤淤出现的概率来分析,1991—2003 年 13 年中后预报的航道拓宽浚深后的骤淤量所对应大风出现情况如表 8.2-3 所示。

航道拓宽浚深后的骤淤量所对应大风出现情况　　表8.2-3

	800万 m^3 以上	700～800万 m^3	500～700万 m^3	300～500万 m^3	100～300万 m^3
对应大风出现次数	1	2	1	2	23

显然，堤越长，防止骤淤重现期越高，掩护的比值越大，骤淤出现的概率越小，但工程投资迅速增加。因此，用加大防波堤长度来防止高重现期骤淤的方法并不完全经济合理。应以合适堤长、合理投资为前提，以减少外航道一般大风骤淤和年淤积量为整治目标，抵御一定重现期骤淤，保证6500万吨的通过能力为宜。

8.2.2　防沙堤的高度

防沙堤高程取决于掩护段内大风作用下的减淤效果，定量反映在堤顶越浪量和沙量。据分析，本海区床面存在高浓度含沙水体，这是造成外航道严重淤积的主要原因。因此在不影响防止底部泥沙侵入航道的前提下，可适当降低堤顶高程，以降低防沙堤工程造价。

1）从含沙量垂线分布上分析防沙堤的高度

第七章从理论上得出了航道不同里程处含沙量垂线分布（图7.2-3），表8.2-4给出波、流共同作用下不同水深处含沙量垂线分布水槽试验结果。

波浪作用下航道沿程滩面上含沙量垂线分布水槽试验结果

（单位：kg/m^3）　表8.2-4a）

试验条件	测层	垂线位置（底高程）							
		-3.0m	-4.0m	-5.0m	-6.0m	-7.0m	-8.0m	-9.0m	-10.0m
有效波高（m）		3.00	3.24	3.33	3.42	3.51	3.57	3.64	3.70
波浪周期（s）		7.6	7.6	7.6	7.6	7.6	7.6	7.6	7.6
水流流速（cm/s）		0.36	0.36	0.36	0.36	0.36	0.36	0.36	0.36
波浪+水流	表层	5.33	5.05	4.60	2.81	2.23	2.14	1.70	1.13
	0.2H	5.95	5.67	5.01	2.89	2.58	2.22	1.82	1.59
	0.4H	6.84	6.45	5.92	3.55	3.00	2.54	2.17	1.98
	0.6H	8.55	8.29	7.73	5.66	3.93	3.28	3.00	2.77
	0.8H	11.65	10.45	10.37	7.62	5.81	4.81	4.34	3.99
	底层	22.20	20.89	19.99	16.45	11.44	11.03	7.28	6.64
	垂线平均	9.35	8.77	8.27	5.87	4.43	3.89	3.16	2.84

建堤前与建堤后堤外含沙量变化

(单位:kg/m³)　表8.2-4b)

试验	分层	项目	-3.0m	-4.0m	-5.0m	-6.0m	-7.0m	-8.0m	-9.0m	-10.0m
波浪作用	表层~0.6H	建堤前	5.92	4.30	2.97	2.39	2.01	1.76	1.19	1.05
		建堤后	7.34	5.69	5.21	4.90	3.78	3.18	2.33	1.99
		建堤后和建堤前	1.42	1.39	2.24	2.51	1.77	1.42	1.14	0.94
	0.8H~底层	建堤前	12.49	10.68	9.31	7.16	6.94	5.10	4.07	3.92
		建堤后	13.43	11.63	10.65	9.53	8.67	7.35	5.14	4.79
		建堤后和建堤前	0.94	0.95	1.34	2.37	1.73	2.25	1.07	0.87
波浪+水流	表层~0.6H	建堤前	6.67	6.37	5.82	3.73	2.94	2.55	2.17	1.87
		建堤后						3.81	3.03	2.73
		建堤后和建堤前						1.26	0.86	0.96
	0.8H~底层	建堤前	16.93	15.67	15.18	12.04	8.63	7.92	5.81	5.32
		建堤后						7.37	6.70	6.12
		建堤后和建堤前						0.55	0.89	0.80

从表中可以看出,-5.0m以内的含沙量相对较高,0.6H以上水体含沙量超过5.0kg/m³,在-5.0m到-6.0m处衰减最快。在有堤的情况下,由于堤前波浪扰动剧烈,含沙量普遍增大,0.6H以上水体含沙量的增加值大于下层水体,在-5.0m到-6.0m段增加值相对较大。因此从上述试验资料分析,-5.0m到-6.0m以内的防沙堤堤顶高程不宜太低,-6.0m以外防沙堤堤顶高程可适当降低。

2)不同堤顶高程越浪量和沙量

堤顶高程的选择在一定程度上取决于堤顶越浪量和沙量的大小。越浪、过流、进沙量越大,掩护段内淤积就越严重。因此,越浪量、过流量、进沙量的计算就成为确定堤顶高程的关键。

越浪量和进沙量的计算如下:

大风作用下进入两堤间的沙量包括:涨潮过程中潮流经堤上部进入的沙量、从口门进入的沙量和波浪越堤沙量三部分组成;落潮时由波浪越堤沙量和水流越堤沙量两部分组成。

(1)越浪量

表8.2-5给出了风浪作用下水槽断面试验所得出的在不规则波正向作用下典型断面越浪量。

水槽试验所得出典型断面越浪量 表8.2-5

断面位置		(−4.9m)	(−7.5m)	(−7.5m)	(−8.0m)
防沙堤形式		混合堤	梯形沉箱	斜坡堤	斜坡堤
堤顶高程		+4.0m	+4.0m	+4.0m	+2.5m
极端高水位 5.55m	$H_{13\%}$(m)	3.8	3.9	3.9	3.9
	T(s)	8.3	8.3	8.3	8.3
	平均单宽越浪量 q(m^3/m·s)	0.72	1.20	1.31	1.74
设计高水位 4.05m	$H_{13\%}$(m)	3.6	3.8	3.8	3.8
	T(s)	8.3	8.3	8.3	8.3
	平均单宽越浪量 q(m^3/m·s)	0.49	0.48	0.64	1.23
设计低水位 0.62m	$H_{13\%}$(m)	3.4	3.6	3.6	3.6
	T(s)	8.3	8.3	8.3	8.3
	平均单宽越浪量 q(m^3/m·s)	0.03	0.13	0.0	0.40

由于水槽试验和计算所采用的波高和周期不同,计算水位有所差异,按下述公式进行适当的修正,以高潮位和平均低潮位越堤水量的平均值作为潮段越堤水量平均值计算。

《海港水文规范》推荐公式:

$$Q = AK_A \frac{H_{1/3}^2}{T_p}\left(\frac{H_c}{H_{1/3}}\right)^{-1.7}\left[\frac{1.5}{\sqrt{m}} + \tanh\left(\frac{d}{H_{1/3}} - 2.8\right)^2\right]\ln\sqrt{\frac{gT_p^2 m}{2\pi H_{1/3}}} \quad (8.2\text{-}1)$$

及以下公式[1]:

$$Q = 0.19\exp\left(-4.20\frac{R}{\gamma_\beta \gamma_g}\right)\cdot(gH_{1/3}^3)^{1/2} \quad (8.2\text{-}2)$$

式中:Q为单位时间单位堤宽的越浪量;H_c为堤顶在静水面以上的高度;A为经验系数;K_A为护面结构影响系数;R为相对胸墙高度,$R = H_c/H_{1/3}$;γ_g为结构形状校正系数,与防波堤结构形式有关;γ_β为斜向波折减系数,与波浪入射角有关。

由越浪量计算公式可知,越浪量大小取决于当地水深、波浪大小、堤顶高程和防波堤结构形式。表8.2-6列出了25年一遇波浪时堤顶越浪量计算结果。

堤顶越浪量计算结果　　表8.2-6

位置		(-3.5m)	(-4.5m)	(-5.5m)	(-6.5m)	(-7.5m)	(-8.5m)
		平均越堤量($m^3/m \cdot s$)	平均越堤量($m^3/m \cdot s$)	平均越堤量($m^3/m \cdot s$)	平均越堤量($m^3/m \cdot s$)	平均越堤量($m^3/m \cdot s$)	平均越堤量($m^3/m \cdot s$)
防沙堤形式		混合堤	混合堤	混合堤	混合堤	混合堤	混合堤
堤顶高程+4.2	高水位3.8m	0.23	0.24	0.27	0.29	0.32	0.33
	低水位1.44m	0.04	0.05	0.06	0.07	0.08	0.09
	平均	0.13	0.15	0.17	0.18	0.20	0.21
堤顶高程+4.0	高水位3.8m	0.24	0.27	0.31	0.34	0.37	0.38
	低水位1.4m	0.05	0.07	0.08	0.09	0.10	0.11
	平均	0.14	0.17	0.20	0.22	0.23	0.25
堤顶高程+3.5	高水位3.8m	0.43	0.46	0.51	0.56	0.61	0.62
	低水位1.4m	0.08	0.10	0.12	0.14	0.15	0.17
	平均	0.25	0.28	0.32	0.35	0.38	0.40
防沙堤形式		斜坡堤	斜坡堤	斜坡堤	斜坡堤	斜坡堤	斜坡堤
堤顶高程+2.5	高水位3.8m	0.94	0.99	1.04	1.08	1.12	1.15
	中水位2.43m	0.34	0.38	0.40	0.43	0.45	0.46
	低水位1.4m	0.15	0.15	0.23	0.27	0.27	0.29
	平均	0.48	0.51	0.56	0.59	0.61	0.63

说明:不规则波浪为正向作用时的计算结果。

(2)斜向越浪量相对折减率

黄骅港海区的强风向为NE~E向,每次出现严重骤淤均是这一风向造成的。在E~NE波浪这作用下,波浪与防沙堤夹角为14.5°~30.5°,因此需要考虑波浪入射方向对越堤量的影响。进一步分析二维不规则波斜向入射的折减系数,并从波浪能量传播分解,在三维不规则波斜向作用下的越浪量相对折减率可取为0.5。

(3)建堤后沿程含沙量

根据建堤前后含沙量水槽试验结果知,建堤后由于波浪在堤前的扰动加剧,含沙量有所增加,主要表现在以下两个方面:①含沙量垂线分布趋于均匀;②垂线平均含沙量增加,根据试验结果,-3.0~9.0m垂线平均含沙量平均增加30%。故对明堤和中水堤越堤水体的含沙量采用理论公式计算分别计算了0.6H和0.8H以上水体的平均含沙量按增加30%取值(表8.2-7)。

25 年一遇波浪作用下垂线含沙量分布计算结果 表 8.2-7

建堤情况	水深(m)	-3	-4	-5	-6	-7	-8	-9
建堤前	0.6H 以上水体平均含沙量(kg/m^3)	7.30	6.60	5.95	5.21	4.09	3.13	2.59
	0.8H 以上水体平均含沙量(kg/m^3)	7.82	7.32	6.82	5.97	4.69	3.58	2.97
建堤后	0.6H 以上水体平均含沙量(kg/m^3)	9.49	8.58	7.74	6.78	5.32	4.06	3.37
	0.8H 以上水体平均含沙量(kg/m^3)	10.17	9.52	8.86	7.76	6.09	4.65	3.86

(4)双堤间截沙率 η_g

所谓截沙率是指在水流淹没堤顶的情况下,波浪、水流穿越两堤时落淤在两堤之间的部分沙量,截沙率 = (进沙量 - 出沙量)/进沙量。在纯水流情况下,截沙率与水流穿越两堤所用的时间以及泥沙在这一时间段内落淤高度有关,还与水流的平衡挟沙量有关。在波浪作用下,两堤间波浪的扰动会减弱泥沙的沉速,故波浪的截沙率小于水流的截沙率。表 8.2-8 为水槽实验得出的波浪、水流的截沙率。

截沙率水槽实验结果 表 8.2-8

实验组次	实 验 条 件	进口含沙量(kg/m^3)	出口含沙量(kg/m^3)	截沙率
1	水流 4.05cm/s	1.65	0.72	56%
	波流共同作用	1.5	0.90	40%
2	水流 3.5cm/s	1.46	0.46	65%
	波流共同作用	1.11	0.66	40%

从表中可以看出,在水流作用下,截沙率为 56% ~65%,波流作用下截沙率为 40%。计算中出水堤的截沙率取 100%,中水堤和潜堤的截沙率水流作用下取 70% ~80%,波流作用时取 50% ~60%。

(5)不同堤顶高程两堤间净进沙量比较

表 8.2-9 列出了五种不同堤顶高程下进入两堤间净进沙量情况。

大风作用下不同堤顶高程下两堤间净进沙量情况 表 8.2-9

方案	W0 +0 ~ W12 +0 高堤	W0 +0 ~ W12 +0 明堤 +4.2m	W0 +0 ~ W12 +0 明堤 +4.0m	W0 +0 ~ W12 +0 明堤 +3.5m	W0 +0 ~ W12 +0 中水堤 +2.5m
两堤间的进沙量(万 m^3)	140	232	245	304	503
与高堤相比增加百分比	0%	66%	75%	117%	259%

从表中可以看出,从净进沙量增加的百分比递增速率来分析,破波带以内采用中水堤效果不佳,防沙堤的堤顶高程应在 +4.0m 左右比较合适。

8.3 整治方案的确定

8.3.1 方案组次

根据对十几组不同堤长、堤高和宽度整治工程实施后港内和外航道泥沙淤积预测结果,从近期工程投资控制、减淤效果、工程后潮流场、泥沙场的变化以及口门通航条件等方面考虑,提出两种堤间宽度、两种堤长共4种组合方案(表8.3-1)。

整治工程防沙堤方案表　　表8.3-1

缓冲区宽度(m)	方案组次	出水堤		斜坡堤			潜堤段	
		长度(m)	顶高程(m)	斜坡度	位置	堤头高程(m)	位置	高程(m)
2000	1-1	W0+0~W8+0	+3.5	1.8‰	W8+0~W10+5	-1.0	—	
	1-2	W0+0~W8+0	+3.5	2.16‰	W8+0~W11+5	-3.0	W11+0~W13+0	-3.0
1000	2-1	W0+0~W8+0	+3.5	1.8‰	W8+0~W10+5	-1.0	—	
	2-2	W0+0~W8+0	+3.5	2.16‰	W8+0~W11+5	-3.0	W11+0~W13+0	-3.0

8.3.2 港内淤积计算

双堤环抱长堤方案的港内淤积计算目前尚无成熟理论计算方法,一般通过物理模型和数值模拟来解决。而物理模型和数学模型又无法模拟越堤水量和越堤沙量的影响,这里采用理论分析计算公式和经验公式两种方法估算防沙堤掩护段航道和港内的淤积量。

对上述四种方案不同重现期和2002年10月18日大风的淤积量进行了计算,计算结果见表8.3-2、表8.3-3、表8.3-4和表8.3-5。

方案1-1骤淤减淤情况表　　表8.3-2

淤积情况	建堤情况	W10+5以内淤积量(万m^3)			W10+5以内掩护段减淤情况		全港淤积量合计(万m^3)	全港减淤量(万m^3)
		港池及内航道	W0+0~W10+5	小计	减淤量(万m^3)	减淤率(%)		
一般骤淤2002年10月18日	建堤前	20	258	278	0	0	394	0
	建堤后	5	70	75	203	73	185	209
10年一遇骤淤	建堤前	35	275	310	0	0	603	0
	建堤后	8	86	94	216	70	387	216
15年一遇骤淤	建堤前	45	354	399	0	0	781	0
	建堤后	10	114	124	275	69	501	280
25年一遇骤淤	建堤前	60	440	500	0	0	978	0
	建堤后	20	153	173	327	65	643	335

方案 1-2 骤淤减淤情况表 表 8.3-3

淤积情况	建堤情况	W13+0 以内淤积量（万 m^3）			W13+0 以内掩护段减淤情况		全港淤积量合计（万 m^3）	全港减淤量（万 m^3）
		港池及内航道	W0+0～W13+0	小计	减淤量（万 m^3）	减淤率（%）		
一般骤淤 2002 年 10 月 18 日	建堤前	20	287	307	0	0	394	0
	建堤后	5	85	90	217	70	177	217
10 年一遇骤淤	建堤前	35	341	376	0	0	603	0
	建堤后	8	146	154	222	59	381	222
15 年一遇骤淤	建堤前	45	438	483	0	0	781	0
	建堤后	10	188	198	285	57	496	285
25 年一遇骤淤	建堤前	60	549	609	0	0	978	0
	建堤后	20	249	269	340	55	638	340

方案 2-1 骤淤减淤情况表 表 8.3-4

淤积情况	建堤情况	W10+5 以内淤积量（万 m^3）			W10+5 以内掩护段减淤情况		全港淤积量合计（万 m^3）	全港减淤量（万 m^3）
		港池及内航道	W0+0～W10+5	小计	减淤量（万 m^3）	减淤率（%）		
一般骤淤 2002 年 10 月 18 日	建堤前	20	258	278	0	0	394	0
	建堤后	5	65	70	208	75	180	214
10 年一遇骤淤	建堤前	35	275	310	0	0	603	0
	建堤后	8	80	88	222	71	381	222
15 年一遇骤淤	建堤前	45	354	399	0	0	781	0
	建堤后	10	108	118	281	70	495	286
25 年一遇骤淤	建堤前	60	440	500	0	0	978	0
	建堤后	20	147	167	333	66	637	341

方案 2-2 骤淤减淤情况表 表 8.3-5

淤积情况	建堤情况	W13+0 以内淤积量（万 m^3）			W13+0 以内掩护段减淤情况		全港淤积量合计（万 m^3）	全港减淤量（万 m^3）
		港池及内航道	W0+0～W13+0	小计	减淤量（万 m^3）	减淤率（%）		
一般骤淤 2002 年 10 月 18 日	建堤前	20	287	307	0	0	394	0
	建堤后	5	80	85	223	72	172	223

续上表

淤积情况	建堤情况	W13+0以内淤积量(万 m^3)			W13+0以内掩护段减淤情况		全港淤积量合计(万 m^3)	全港减淤量(万 m^3)
		港池及内航道	W0+0~W13+0	小计	减淤量(万 m^3)	减淤率(%)		
10年一遇骤淤	建堤前	35	341	376	0	0	603	0
	建堤后	8	139	147	229	61	372	229
15年一遇骤淤	建堤前	45	438	483	0	0	781	0
	建堤后	10	180	190	293	60	488	293
25年一遇骤淤	建堤前	60	549	609	0	0	978	0
	建堤后	20	237	257	352	58	626	352

分析表8.2-2、表8.2-3、表8.2-4和表8.2-5知:

(1)在有无缓冲区下,各方案不同重现期全港骤淤总量变化约为10万 m^3,因此各方案间淤积量在量级上是一致的,虽然方案1-2和2-2防沙堤-3.0m的潜堤段延长了2500m,但减淤效果不大。

(2)有无缓冲区相比,虽然宽间距方案港池内纳潮水体增大,但回淤率减小,两种方法计算结果表明宽间距的淤积比窄间距的淤积略大,绝对值约大10万 m^3,从淤积量上没有根本区别。

按照第六章得出的不同重现期下全港年淤积由不同大风骤淤量与正常淤积量组合方式,表8.3-6给出了方案1-1为代表的不同重现期下的全港年淤积情况表。

方案1-1减淤情况表 表8.3-6

淤积情况	建堤情况	W10+5以内淤积量(万 m^3)			W10+5以内掩护段减淤情况		全港淤积量合计(万 m^3)	全港减淤量(万 m^3)
		港池及内航道	W0+0~W10+5	小计	减淤量(万 m^3)	减淤率(%)		
平均年淤积	建堤前	270	570	840	0	0	1094	0
	建堤后	75	195	270	570	68	520	574
10年一遇年淤积量	建堤前	295	750	1045	0	0	1460	0
	建堤后	80	245	325	720	69	735	725
15年一遇年淤积量	建堤前	315	950	1265	0	0	1887	0
	建堤后	90	305	395	870	68	1010	877
25年一遇年淤积量	建堤前	340	1137	1477	0	0	2281	0
	建堤后	105	373	478	999	67	1273	1008

8.3.3 减淤效果分析

进一步分析方案1-1工程后的淤积情况不难得出以下结论：

(1)掩护段内减淤效果显著

在W10+5以内的掩护段内，整治工程实施后，减淤效果达到60%以上，其中：全年淤积的减淤率为68%，10年一遇为69%，15年一遇为68%，25年一遇为67%；骤淤的减淤率一般为73%，10年一遇为70%，15年一遇为69%，25年一遇为65%。

(2)外航道抗骤淤能力增强

整治工程实施后，不仅掩护段内有良好的减淤效果，同时外航道也有一定的抗骤淤能力。对于一般性骤淤具有较好的减淤效果。全港骤淤量从工程前的394万m^3减小到185万m^3，外航道最大骤淤强度从工程前的1.90m减小到1.0m左右，加上一定的备淤深度和疏浚能力，即使短时间内第二次大风出现，也能有效保证3.5吨级船舶全年通航的要求。在10年一遇骤淤情况下，全港骤淤量从工程前的603万m^3减小到387万m^3，航道最大淤积强度由工程前的2.06m减小到1.68m，在不考虑沿堤流影响的前提下，加上一定的备淤深度和疏浚能力，基本抵御10年一遇的骤淤。

(3)整治段淤积物变细，可挖性增大

现状情况下，除2003年10月11日大风骤淤外，航道发生骤淤时淤积物为粉沙的区段在W13+0以内，其可挖性相对较差。整治工程实施后，有掩护的航道段淤积物主要来源于上部悬浮泥沙，底部进入航道的粗颗粒泥沙量必然大大减少，淤积物变细，淤泥成分增多，可挖性大大提高，难挖段大为缩短。

(4)港内淤积较轻

工程实施后，港内淤积较轻，不同重现期一场大风造成的骤淤量从整治前的20~60万m^3减少到5~20万m^3，不同重现期的年淤积量从整治前的270~340万m^3减少到75~105万m^3，平均淤积强度为0.5~0.6m，港内无需维护。

(5)整治工程实施后，全港多年年平均淤积量由1094万m^3减少到520万m^3，平均每年减少淤积量574万m^3。10、15、25年一遇的年淤积总量将由1460万m^3、1887万m^3、2281万m^3分别减少为每年的735万m^3、1010万m^3、1273万m^3。此外主要淤积区移至明堤口外和无掩护航道段，淤积重心部位外移，缩短抛泥地运输距离，降低疏浚成本，同时疏浚土类改变，维护土方定额单价下降。因此每年用于疏浚的费用大幅下降。但从量值上分析，重现期10年一遇以上的全港年淤积量而言，工程实施后全港维护量仍达到720万m^3以上，疏浚工作仍很繁重。

参 考 文 献

[1] 谢世楞. 三维不规则波作用下海堤和防波堤的越浪计算. 港工技术. 1995, No.4.

9 波浪潮流泥沙数值模拟计算

在前面的各章节中通过理论和经验公式计算了10、15、25年一遇骤淤情况下外航道淤积量、淤强分布、沿程含沙量分布等，并对整治工程方案减淤效果进行了计算，为了进一步复核理论和经验公式的计算结果，预测延堤后黄骅港海域潮流场、泥沙场的变化，采用波浪潮流泥沙数学模型进一步了解大风浪期间黄骅港海域的泥沙运动和外航道回淤规律对于整治工程设计具有重要意义。泥沙运动的数学模型必须能够模拟大风浪过程中含沙量的变化，才能较好地反映黄骅港泥沙运动及其回淤规律。这里通过大风浪期间风浪、潮流及泥沙运动的数值模拟来研究黄骅港海域的泥沙运动及航道淤积规律，为整治工程的设计提供依据。

9.1 黄骅港海域泥沙运动及航道回淤的数学模型

9.1.1 数学模型组成

图9.1-1显示了黄骅港海域泥沙运动模拟数学模型的组成情况，下面将进一步对各个模型进行简要的介绍。

9.1.2 风浪的数值模拟

9.1.2.1 风浪计算的SWAN模型

由于黄骅港外航道回淤受大风浪过程的控制，因此，比较准确地模拟风浪过程，是揭示外航道回淤的基础。近年来，以第三代风浪为代表的风浪生成与演化的方向谱计算模型越来越多地在工程中得到应用。因此，这里我们采用第三代风浪模型中得到广泛应用的SWAN模型来模拟黄骅港海域的风浪过程。SWAN模型采用动谱平衡方程描述风浪生成及其在近岸区的演化过程。在直角坐标系中，动谱平衡方程可表示为：

$$\frac{\partial}{\partial t}N + \frac{\partial}{\partial x}C_x N + \frac{\partial}{\partial y}C_y N + \frac{\partial}{\partial \sigma}C_\sigma N + \frac{\partial}{\partial \theta}C_\theta N = \frac{S}{\sigma} \tag{9.1-1}$$

式中：σ为波浪的相对频率（在随水流运动的坐标系中观测到的频率）；θ为波向（各谱分量中垂直于波峰线的方向）；C_x、C_y为x、y方向的波浪传播速度；C_σ、C_θ为σ、θ空间的波浪传播速度。

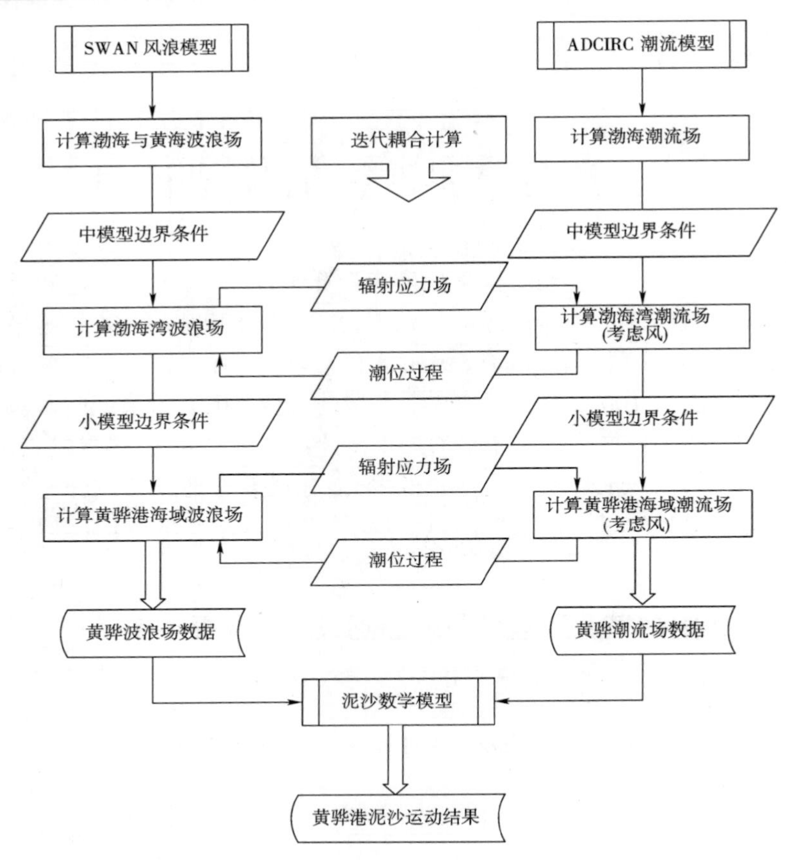

图 9.1-1　黄骅港海域泥沙运动数学模型组成

式(9.1-1)左端第一项表示动谱密度随时间的变化率,第二项和第三项分别表示动谱密度在地理坐标空间中传播时的变化,第四项表示由于水深变化和潮流引起的动谱密度在相对频率 σ 空间的变化,第五项表示动谱密度在谱分布方向 θ 空间的传播(即由水深变化和潮流引起的折射)。式(9.1-1)右端 $S(\sigma,\theta)$ 是以动谱密度表示的源项,包括风能输入、波与波之间的非线性相互作用和由于底摩擦、白浪、水深变浅引起的波浪破碎等导致的能量耗散,并假设各项可以线性叠加。式(9.1-1)中的传播速度均采用线性波理论计算。

$$C_x = \frac{\mathrm{d}x}{\mathrm{d}t} = \frac{1}{2}\left[1 + \frac{2kd}{\sinh(2kd)}\right]\frac{\sigma k_x}{k^2} + U_x \tag{9.1-2}$$

$$C_y = \frac{\mathrm{d}y}{\mathrm{d}t} = \frac{1}{2}\left[1 + \frac{2kd}{\sinh(2kd)}\right]\frac{\sigma k_y}{k^2} + U_y \tag{9.1-3}$$

$$C_{\sigma} = \frac{\mathrm{d}\sigma}{\mathrm{d}t} = \frac{\partial\sigma}{\partial d}\left[\frac{\partial d}{\partial t} + \vec{U}\cdot\nabla d\right] - C_g\vec{k}\cdot\frac{\partial\vec{U}}{\partial s} \tag{9.1-4}$$

$$C_{\theta} = \frac{\mathrm{d}\theta}{\mathrm{d}t} = \frac{1}{k}\left[\frac{\partial\sigma}{\partial d}\frac{\partial d}{\partial m} + \vec{k}\cdot\frac{\partial\vec{U}}{\partial m}\right] \tag{9.1-5}$$

其中 $\vec{k} = (k_x, k_y)$ 为波数；d 为水深；$\vec{U} = (U_x, U_y)$ 为流速；s 为沿 θ 方向的空间坐标；m 为垂直于 s 的坐标；算子 $\partial/\partial t$ 定义为：$\frac{\mathrm{d}}{\mathrm{d}t} = \frac{\partial}{\partial t} + \vec{C}\cdot\nabla_{x,y}$。

通过数值求解式(9.1-1)，可以得到大风过程中风浪从生成、成长直至大风过后衰减的全过程。虽然 SWAN 模型不能模拟波浪绕射，但最新 SWAN 模型可以模拟出水以及淹没式建筑物对波浪的遮拦影响，因此，总体上来说 SWAN 模型能够给出波浪场的合理分布，而它关于大风过程的模拟则是其他模型所不具备的。关于 SWAN 模型的详细讨论可见用户手册说明。

9.1.2.2　黄骅港海域风浪计算及其验证

黄骅港海域风浪计算模型采用大、中、小嵌套方式进行，渤海与黄海为大模型，渤海湾为中模型，黄骅港海域为小模型。风浪的具体计算过程为：

(1)收集黄骅港新村气象站和其他气象站资料，整理出强风的变化过程；

(2)根据实际风场变化，进行大模型计算并利用大模型计算结果给出随时间变化的渤海湾风浪边界条件；

(3)进行渤海湾中模型计算，给出黄骅港海域波浪计算边界条件，在此计算过程中考虑渤海湾实际潮流变化对波浪的影响，即计算为波流耦合进行；

(4)进行黄骅港海域小模型波浪场计算，此步骤为波流耦合计算，波浪场计算结果完全包含了流场影响。

为了验证 SWAN 模型的适用性，对黄骅港海域实测风浪与计算结果进行了比较。由于强风作用在黄骅港回淤中占有重要地位，这里重点讨论强风作用下黄骅港海域波浪场情况。交通部天津水运工程科学研究所于 2003 年 11 月份在黄骅港海域东经 117°59′14.17"、北纬 38°22′15.85"(测波站 1)和东经 118°03′48.39"、北纬 38°24′19.78"(测波站 2)，航道里程分别约为 W6 +700(5m 等深线处)和 W13 + 700(7m 等深线处)南侧 200 ~400m 处布置了测波仪进行波浪测量，取得了强风期间的波浪资料。这里首先根据天科所提供的实测资料来验证模型计算结果。图 9.1-2 ~图 9.1-5 和显示了 11 月 5 ~7 日强风期间，测波站 1 与测波站 2 风浪计算结果与实测波浪过程的比较情况。就波高而言，在波浪与实测波高有一定差距，但大风浪过程中总的计算结果与实测结果是比较吻合的。就波浪周期而言，实测平均周期位于计算谱峰周期与平均周期之间。因为 SWAN 模型是风浪模型，计算平均周期中包含短周期波的贡献,计算平均周期小于实测周期也是合理的。计算结果说明,利用SWAN模型,特别是波流耦合模型能够比较好地描述风浪生成及其在近岸区的传播过程,因而能够合理描述整个大风浪期间波浪状况,用于描述泥沙运动计算是可行的。

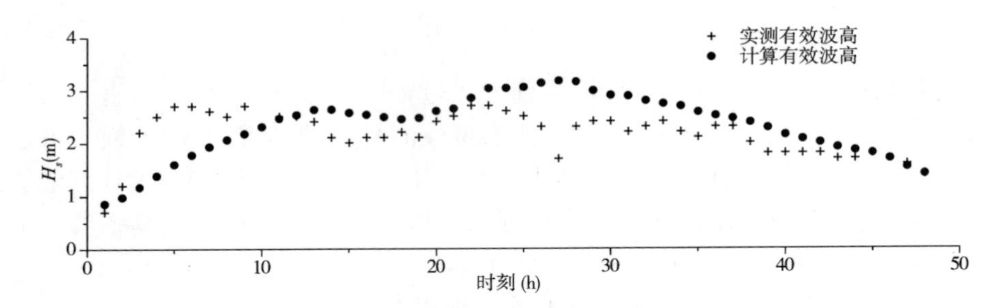

图9.1-2 2003年11月5—7日测波站2(7m等深线处)实测与计算波高
(1时刻为11月5日16:00,以下同)

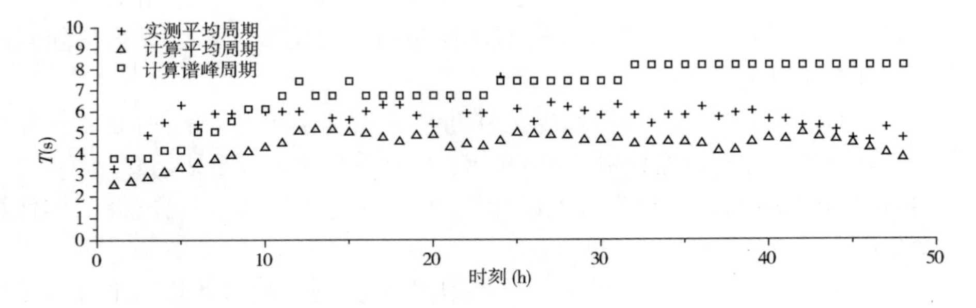

图9.1-3 2003年11月5—7日测波站2(7m等深线处)实测与计算周期

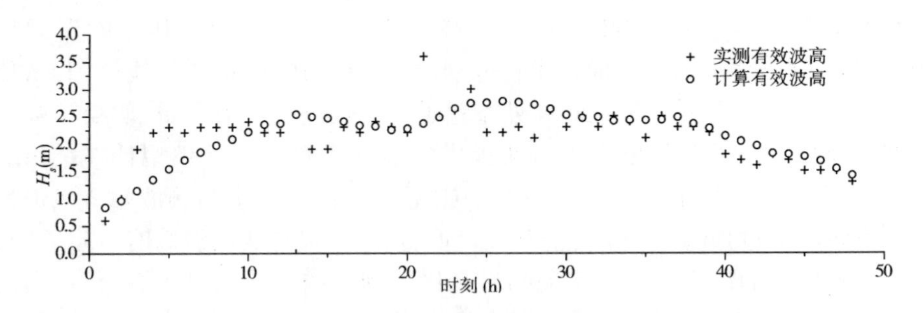

图9.1-4 2003年11月5—7日测波站1(5m等深线处)实测与计算波高

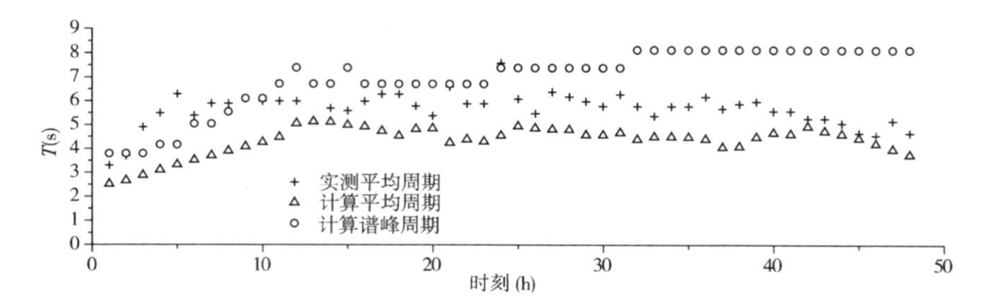

图 9.1-5 2003 年 11 月 5—7 日测波站 1(5m 等深线处)实测与计算周期

9.1.3 潮流的数值模拟

在浅水海域中,大风期间风增水和风吹流影响十分显著。另外,伴随着波浪在近岸区的破碎变形,波浪辐射应力也可能对潮流场造成一定影响。因此,这里我们采用了可以考虑表面风应力和波浪辐射应力影响的潮流计算模型 ADCIRC,来计算黄骅港海域在大风期间的流场,以充分反映实际海域的复杂水动力条件。关于潮流计算模型的较详细描述和验证,可参阅天津大学"黄骅港外航道整治工程潮流数值模拟研究报告"。

潮流计算也采取大中小模型嵌套进行,考虑风、浪耦合影响的黄骅港海域潮流计算过程如下:首先,根据潮汐预报表或实测潮汐资料确定强风期间潮型和潮位过程,然后,根据潮汐大模型渤海海域 15 天潮汐计算结果确定渤海湾中模型与预报或实测潮位过程接近的计算边界条件,并在中模型中考虑风应力与波浪辐射应力影响,以确定黄骅港海域小模型计算边界条件;黄骅港小模型计算时,风浪场与潮流场的相互作用通过迭代进行耦合。这样,黄骅港流场计算能够充分反映风、浪对潮流场的影响,因而从动力角度能够合理反映泥沙运动情况。

9.1.4 泥沙运动数值模拟

泥沙运动采用了窦国仁等(1995)基于波流共同作用下挟沙力概念的平面二维泥沙数学模型,其表达式如下:

$$\frac{\partial(hS)}{\partial t}+\frac{\partial(huS)}{\partial x}+\frac{\partial(hvS)}{\partial y}+\alpha\omega(S-S_*)=0 \qquad (9.1\text{-}6)$$

式中:h 为水深;t 为时间坐标;x、y 为水平坐标;S 为沿深度平均的含沙量;S_* 为波流共同作用下的挟沙能力;u、v 分别为沿 x 方向和 y 方向的流速;α 为沉降概率或恢复饱和系数;ω 为泥沙沉速。根据波流挟沙的原理,S_* 可近似为:

$$S_*=S_{*C}+S_{*W} \qquad (9.1\text{-}7)$$

式中:S_{*C}、S_{*W} 分别为波浪和潮流作用下的挟沙能力。

潮流作用下的挟沙能力可表示为:

$$S_{*C} = \beta_C \frac{\gamma\gamma_s}{(\gamma_s - \gamma)} \frac{V^3}{c^2 h\omega} \tag{9.1-8}$$

式中:β_C 为根据实验或是现场资料确定的系数;γ_s、γ 分别为泥沙与水的容重;c 为谢才系数;V 为垂向平均流速。

对于波浪作用下的挟沙能力,根据实际波能演化原理,修正为如下形式:

$$S_{*W} = \beta_1 \frac{\gamma\gamma_s}{\gamma_s - \gamma} \frac{f_w H_{rms}^3}{T^3 gh\omega \sinh^3(kh)} + \beta_2 \frac{\gamma\gamma_s}{\gamma_s - \gamma} \frac{D_{B2}}{h\omega} \tag{9.1-9}$$

式中:f_w 为床面摩阻系数;H_{rms} 为均方根波高;T 为波浪周期;k 为波数;g 为重力加速度;D_{B2} 为由于波浪破碎引起的波能耗散;β_1、β_2 为系数。

根据大量河流、河口及海岸现场观测及实验室水槽实验资料,系数 β_C、β_1 及 β_2 分别可取为 0.023、0.3 及 10^{-6}。

9.1.5 航道回淤模拟

航道回淤采用窦国仁等提出的模型,其表达式如下:

$$\gamma_0 \frac{\partial \eta}{\partial t} = \alpha\omega(S - S_*) \tag{9.1-10}$$

式中:η 为航道底高程;γ_0 为航道回淤泥沙干容重,经验回淤系数 α 可根据黄骅港已有外航道回淤资料确定。

9.2 几次大风天气过程黄骅港外航道回淤计算

分别对三次大风前后有比较详细的实测航道回淤资料的大风过程进行数学模拟,讨论大风浪期间黄骅港泥沙运动规律,确定回淤计算系数和验证回淤计算模型的合理性。

9.2.1 2002 年 4 月 22 日大风天气过程回淤计算

图 9.2-1 ~ 图 9.2-3 分别显示了本次大风天气过程中黄骅港海域垂向平均含沙量场变化情况。图 9.2-1 为本次强风天气开始 5 小时后的含沙量场,图 9.2-2为本次强风过程形成的含沙量最大时黄骅港海域含沙量场。由计算结果可以明显看到含沙量随着波浪增大而增大的现象。计算结果还表明,受风增水及风吹流影响,退潮期近岸区高含沙有明显的向外输送现象。图 9.2-3 为大风减小后海域含沙量场,由本幅图中可以清楚看到高潮位后落潮阶段泥沙沿堤北侧向外输送后绕过堤头的现象。由上述含沙量场的变化可知,本模型完整地描述了风浪期间海域含沙量的变化情况,而且能够合理描述受风、浪、流以及港口

建筑物影响的泥沙输运情况。图9.2-4显示了三组大风期间沿外航道的典型含沙量分布。

根据含沙量场变化过程计算结果,选用合适的α值,由式(9.1-10)得到本次大风期间黄骅港外航道的回淤分布如图9.2-5所示。图中还显示了实测回淤分布情况,由图可见,二者是比较接近的。

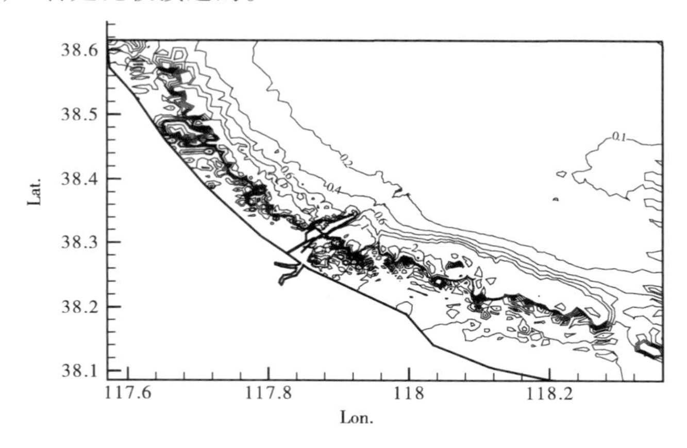

图9.2-1　2002年4月22日大风过程(大风开始后5小时)黄骅港海域含沙量场

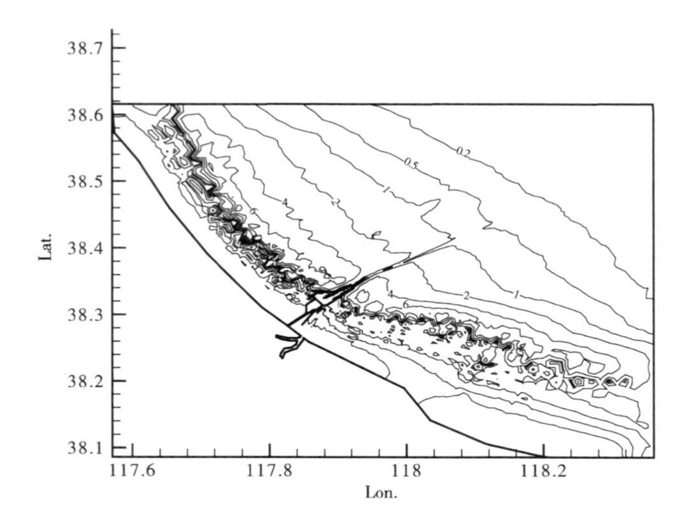

图9.2-2　4月22日大风过程含沙量最大时黄骅港海域含沙量场

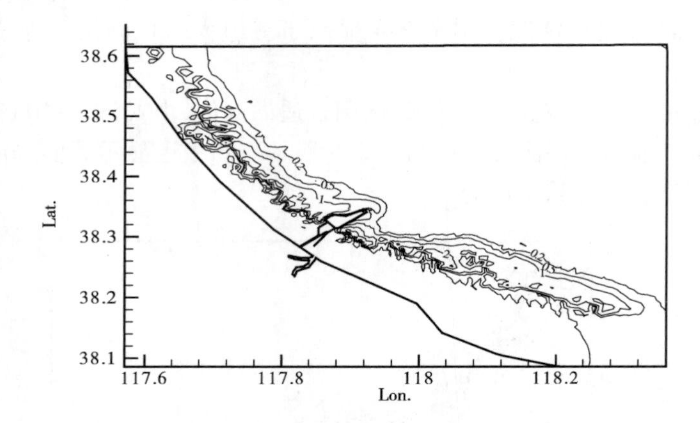

图 9.2-3　4 月 22 日大风过程(大风结束后 5 小时)黄骅港海域含沙量场

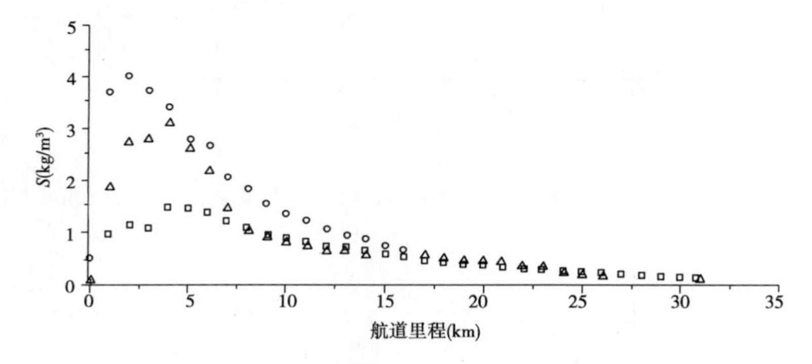

图 9.2-4　大风浪期间沿航道典型含沙量分布

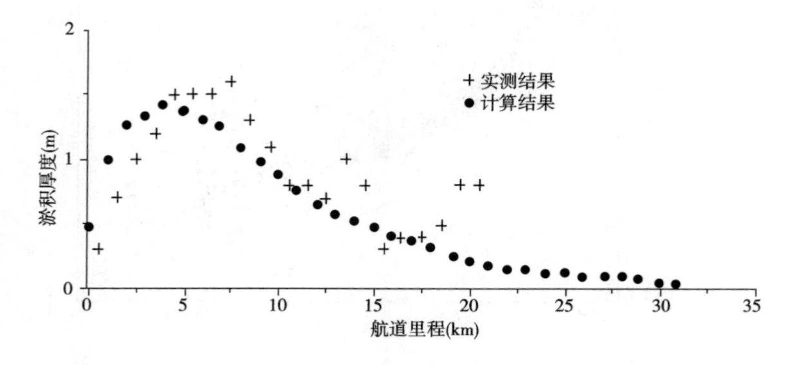

图 9.2-5　大风过程计算与实测航道淤积厚度

9.2.2 2002年10月18日大风天气过程回淤计算

图9.2-6~图9.2-8显示了本次大风天气过程中黄骅港海域垂向平均含沙量场变化情况。图9.2-6为本次强风天气开始5小时后的含沙量场,图9.2-7为本次强风过程形成的含沙量最大时黄骅港海域含沙量场,图9.2-8为2002年10月18日大风过程(大风开始后5小时)黄骅港海域含沙量场为大风结束后5小时海域含沙量场。计算结果所显示的泥沙运动规律与2002年4月22日相同。图9.2-9显示了三组大风期间沿航道的典型含沙量分布。图9.2-10显示了本次大风天气过程航道回淤实测与计算结果的比较情况,由图可见,两者是比较接近的。

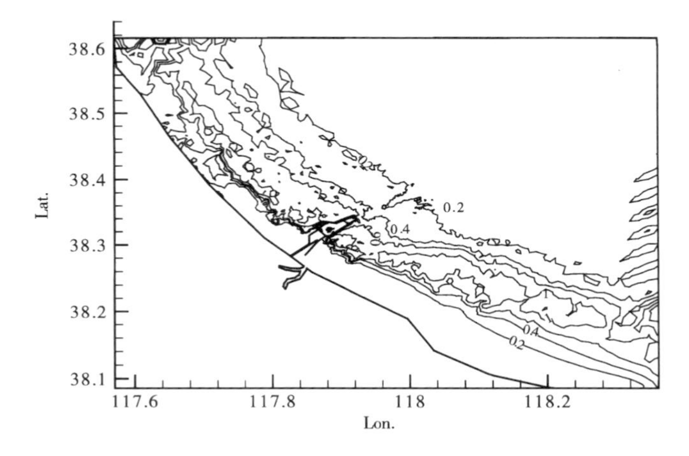

图9.2-6 2002年10月18日大风过程(大风开始后5小时)
黄骅港海域含沙量场

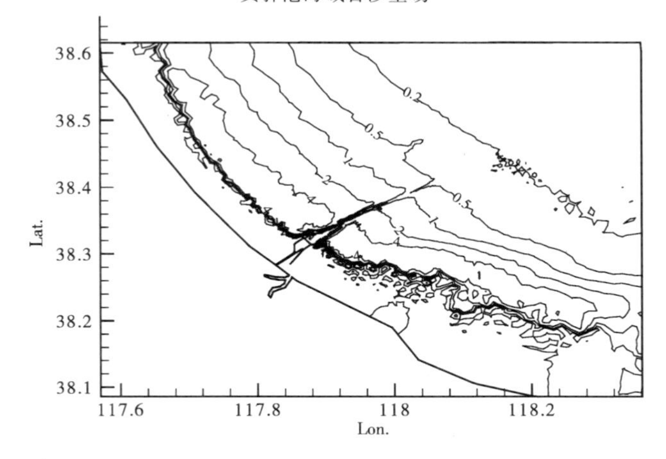

图9.2-7 10月18日大风过程含沙量最大时黄骅港海域含沙量场

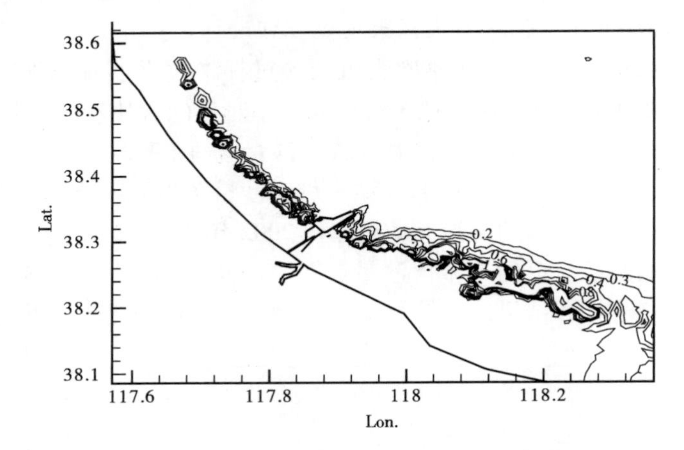

图9.2-8　10月18日大风过程(大风结束后5小时)黄骅港海域含沙量场

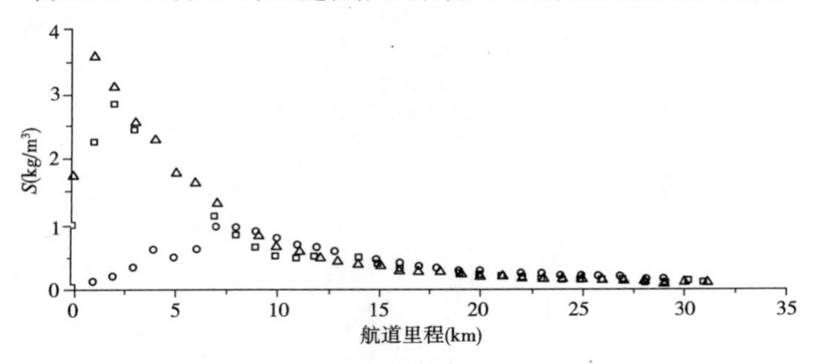

图9.2-9　大风浪期间沿航道典型含沙量分布

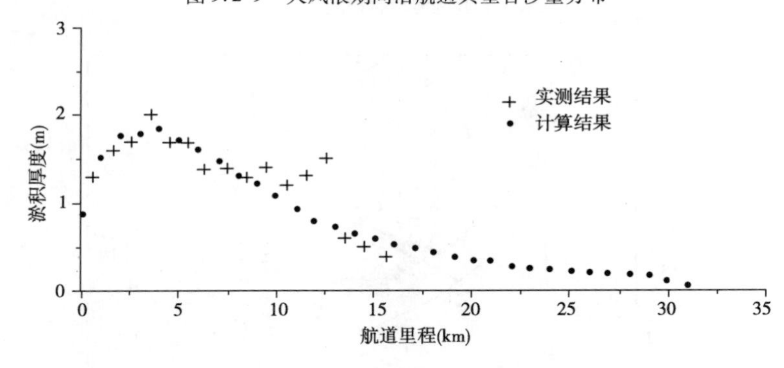

图9.2-10　大风过程计算与实测航道淤积厚度

9.2.3　2003年10月10日大风天气过程回淤计算

图9.2-11为本次强风天气开始5小时后的含沙量场,图9.2-12为本次强风过

程形成的含沙量最大时黄骅港海域含沙量场,图 9.2-13 为大风结束后 5 小时海域含沙量场。计算结果所显示的泥沙运动规律与 2002 年 4 月 22 日相同。图 9.2-14 显示了三组大风期间沿航道的典型含沙量分布。比较本次大风天气过程与 2002 年 4 月 22 日和 10 月 18 日大风天气过程可知,由于 2003 年 10 月 10 日开始的大风过程风级大,持续时间长,黄骅港海域高含沙量范围及持续时间均明显增大,因而造成外航道的强烈淤积。图 9.2-15 显示了本次大风天气过程航道回淤实测与计算结果的比较情况,由图可见,两者是比较接近的。

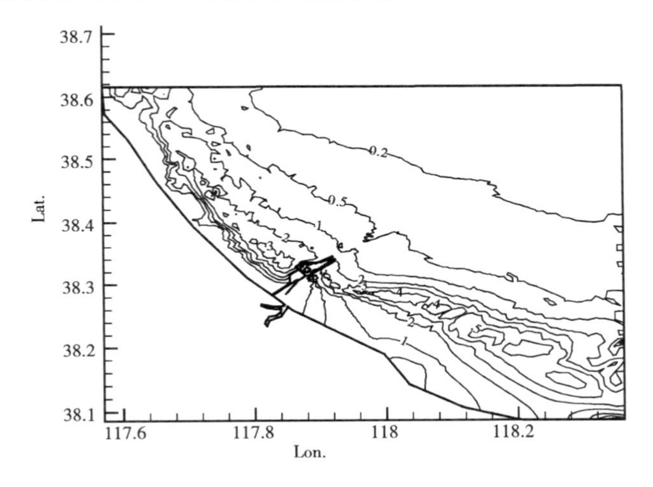

图 9.2-11　2003 年 10 月 10 日大风过程(大风开始后 5 小时)黄骅港海域含沙量场

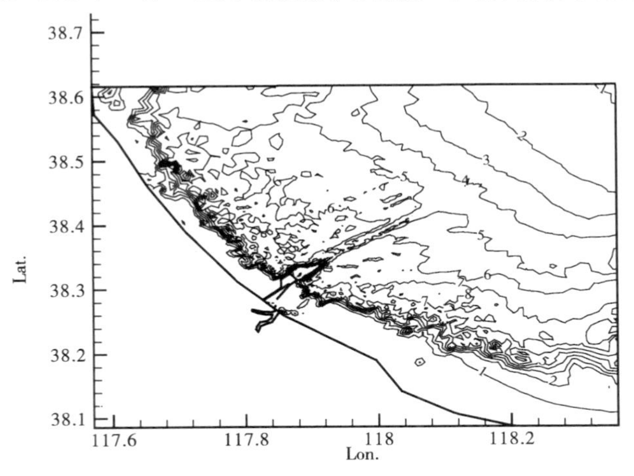

图 9.2-12　10 月 10 日大风过程含沙量最大时黄骅港海域含沙量场

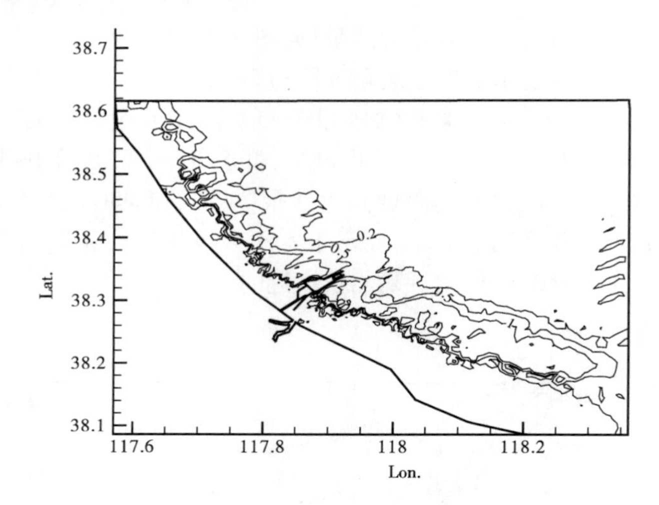

图 9.2-13　10 月 10 日大风过程(大风结束后 10 小时)黄骅港海域含沙量场

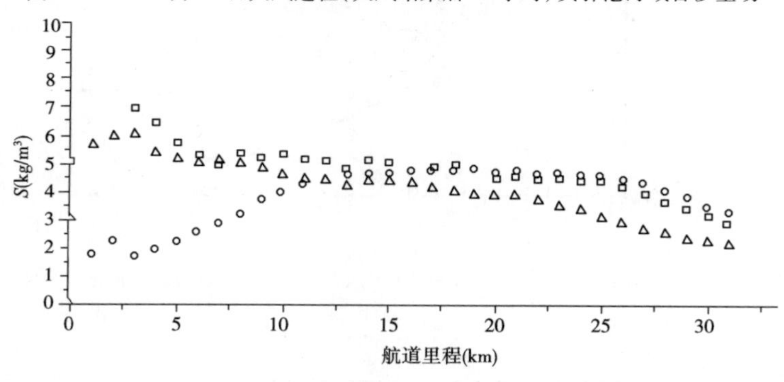

图 9.2-14　大风浪期间沿航道典型含沙量分布

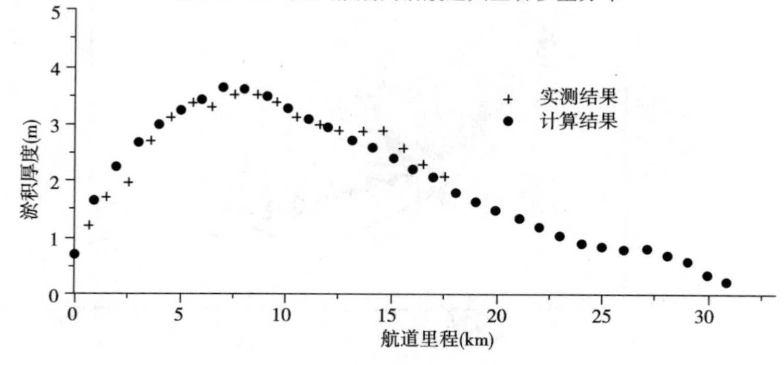

图 9.2-15　大风过程计算与实测航道淤积厚度

在航道回淤计算中，涉及到的经验系数只有 α 值。由于航道淤积主要是悬沙近底泥沙沉积所造成的，α 值实际上应反映不同水深处及不同动力条件下的泥沙沉积特性。由于其复杂性，这里 α 值的确定主要依据回淤数据确定，可表示为 $\alpha(x)=\alpha_0 f(x)$，$f(x)$ 为沿航道的分布函数。幅值 α_0 主要和波浪动力有关，初步可取为风暴期间平均有效波高的函数。三次回淤计算选用了同样的 α 分布，计算结果与实测结果均有较好的一致性。这说明回淤计算模式能够基本反映黄骅港外航道的实际回淤情况。

9.3　关于黄骅港泥沙运动及其航道回淤的讨论

9.3.1　含沙量场变化

2002 年 4 月 22 日和 10 月 17 日以及 2003 年 10 月 10 日大风过程黄骅港海域含沙量场的计算结果表明，大风引起大浪是决定黄骅港含沙量变化的决定因素。大风风速越大，风时越长，造成的近岸波浪越大，黄骅港附近整个海域高含沙范围也就明显扩大，比较计算得到的 2003 年 10 月 10 日大风期间黄骅港海域含沙量场和 2002 年两次大风期间海域含沙量场分布可以充分说明这一点。由于 2003 年 10 月 10 日大风风速大而且风时长，海域波浪很大，海域高含沙范围明显增大，大风期间外航道 W30 +0 处瞬时平均含沙量可能达 $3\mathrm{kg/m^3}$ 以上，这是 2003 年 10 月 10 日外航道发生大范围骤淤，且 W18 +0 处淤积厚度仍达 2m 的根本原因。

9.3.2　泥沙运移规律

需要指出的是，黄骅港海域近岸泥沙运动除了主要受波浪控制以外，还与近岸复杂水动力和建筑物的相互作用有关。在大风作用下，黄骅港附近海域将产生明显的风增水和风吹流，风、浪、流及建筑物的相互作用，使得近岸高含沙水体有可能沿建筑物向外运动，并与航道相交，造成外航道某些位置局部回淤比较严重。图 9.3-1 显示了 2003 年 10 月 10 日大风开始后约 12.5 小时(2003 年 10 月 11 日 9 时左右)的泥沙运移状态。根据潮流场计算结果，当 ENE 向大风作用时，落潮时港口南侧将出现较大的离岸流向外运移，并在落潮中期由外航道 W3 +0 以外向北偏转。由于 10 月 10 日大风开始时为 E 向或 ENE 向，而且图 9.3-1 显示的时刻正是落潮中期，所以从图 9.3-1 上可以明显看到南侧近岸高含沙水体向外运动并与航道相交。近岸泥沙向外运移后与航道相交的位置正是外航道回淤比较剧烈的位置。当大风风向以 NE 向为主时，港口南北两侧均将出现较强的离岸方向流动，在外航道 W6 +0 以外交汇。图 9.3-2 显示了 10 月 10 日大风开始 37 小时后(即

2003年10月12日10时左右)的泥沙运移状态。由于10月10日大风过程在大风开始17小时后由ENE向转为NE向,图9.3-2所显示的时刻为连续约20个小时NE向大风作用后的情况,且当时恰为落潮期。这时,近岸高含沙在港口两侧离岸流的作用下向外运动且在离口门约6~9km的航道处交汇。由此可见,由于近岸风、浪、流和建筑物的相互复杂作用,黄骅港海域近岸区泥沙向外运移且与外航道局部相交的情况是完全可能出现的。

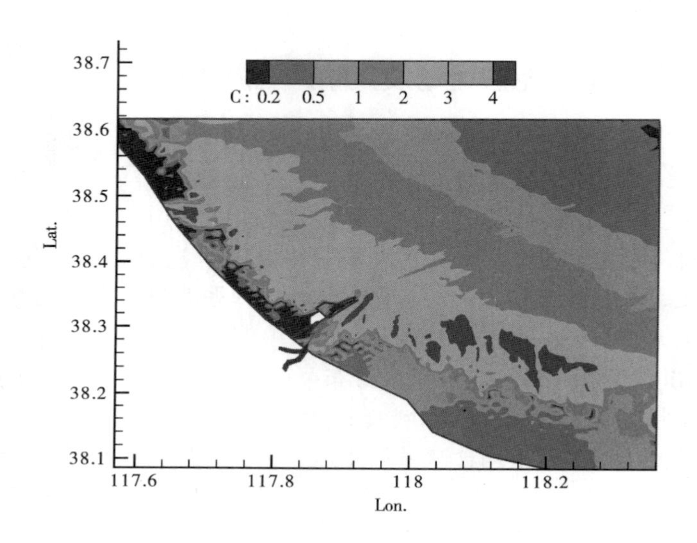

图9.3-1 2003年10月10日大风开始后12.5小时黄骅港海域泥沙运移状态(南侧泥沙随离岸流向外运动并与航道相交)

由近岸水流所携带的泥沙向离岸方向运动,经过一定距离的输移后,悬浮泥沙会逐渐沉降,在与航道相交时,可能近底泥沙含量非常高,因而可能造成航道的快速淤积,这可能是外航道在离口门一定距离后淤积比较严重的原因之一。

根据上述关于黄骅港泥沙运动特征的讨论我们可以得到如下认识:外航道的整体骤淤受黄骅港附近海域在大风浪期间整体含沙量增高所控制,而外航道局部区域淤积严重,除受由外海向近岸含沙量逐渐增大的规律所影响外,还受到近岸泥沙在水流作用下输移的影响。上述数模计算的结果与以往收集到的卫星遥感图像所显示的整体含沙量场及局部泥沙运动结果是一致的。

根据现有港口的淤积现状和数模计算结果所揭示的泥沙运动及外航道淤积特征,为了有效减少大风期间外航道的淤积,防沙堤必须具有较长的掩护范围。下面针对防沙堤掩护范围不同时的外航道回淤进行计算,为合理选择整治工程方案提供依据。

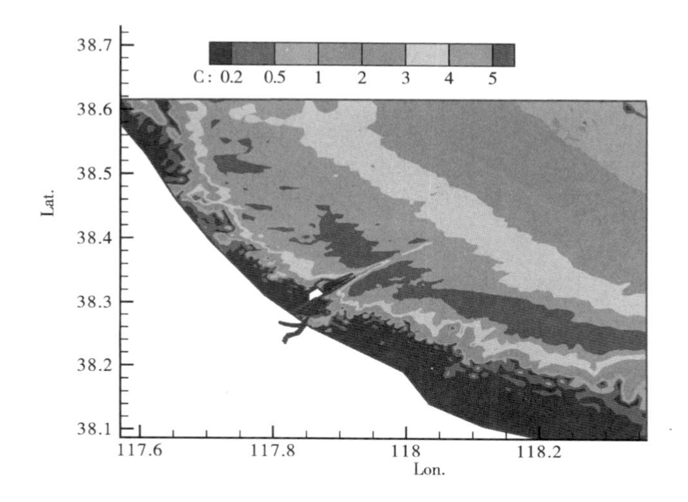

图9.3-2 2003年10月10日大风开始后37小时黄骅港海域泥沙运移状态(南北两侧泥沙随离岸流向外运动并与航道相交)

9.4 防沙堤掩护范围不同时外航道25年一遇骤淤量估算

9.4.1 防沙堤掩护范围至W22+0时回淤计算

为了整治工程取得最合理经济效益,需要计算防沙堤不同掩护范围时航道回淤情况,这里首先给出防沙堤掩护范围至W22+0时外航道25年一遇骤淤情况。依据数学模型估算整治方案情况下多年一遇的回淤量,首先需要确定其代表水动力条件(风、潮流、波浪)。以2003年10月10日为代表的风浪作用时间较长,造成的航道回淤总量相当于45年左右一遇的情况,根据前面的研究结果,25、15及10年一遇骤淤回淤总量分别约为此次回淤的0.8、0.64、0.5倍。2003年10月10日的风暴具有典型性,将其回淤厚度与回淤体积乘以相应倍数作为其他多年一遇的回淤厚度及回淤体积对待是可行的。因此,这里以2003年10月10日的动力条件作用于整治方案实施后所造成的回淤厚度乘以0.8、0.64和0.5作为25、15和10年一遇骤淤的航道淤积厚度。以下各种整治方案实施后黄骅港外航道回淤情况均以2003年10月10日典型动力条件的计算结果来折合。

防沙堤掩护范围至W22+0时初步设计防沙堤工程如下:W16+0以内为出水

堤(堤顶高程 4.0m),W16 +0 ~ W19 +0 为中水堤(堤顶高程 2.5m),W19 +0 ~ W22 +0 为潜堤(堤顶高程 0.1m)。图 9.4-1 为整治工程修建后遭遇 2003 年 10 月 10 日为代表的大风过程 5 小时后的含沙量场,图 9.4-2 为强风过程形成的含沙量最大时黄骅港海域含沙量场,图 9.4-3 为大风结束后 10 小时海域含沙量场。图 9.4-4 显示了三组大风期间沿航道的典型含沙量分布。表 9.4-1 列出了根据计算结果折合得到的 25 年一遇骤淤航道回淤分布计算结果。计算中取航道底宽为 150m,航道边坡坡度为 1:5,航道水深为 11.5m。

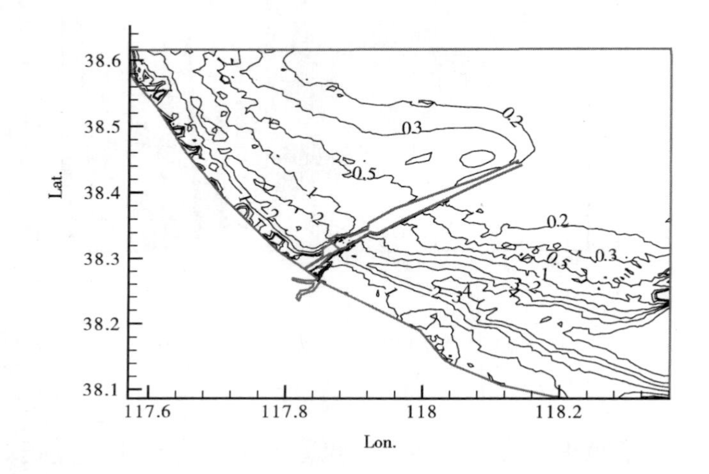

图 9.4-1 大风开始后 5 小时黄骅港海域含沙量场

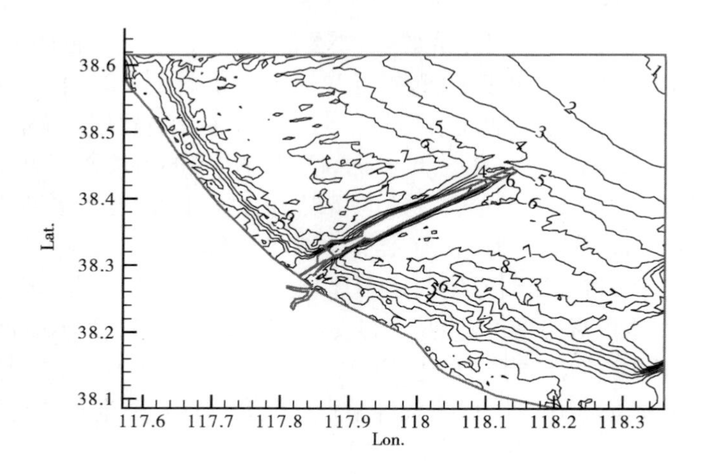

图 9.4-2 含沙量最大时黄骅港海域含沙量场

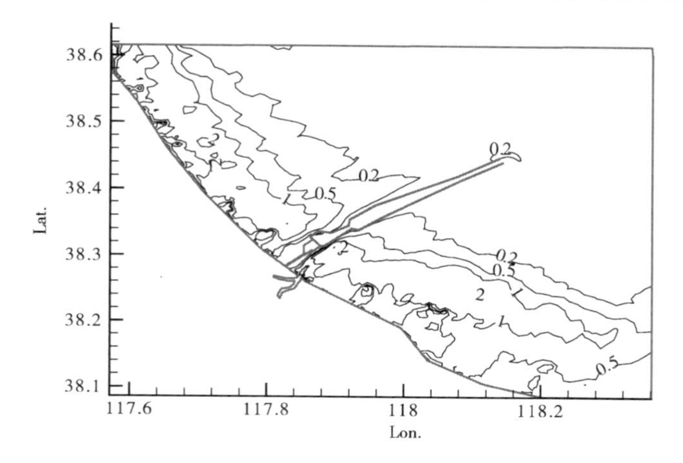

图9.4-3 大风结束后10小时黄骅港海域含沙量场

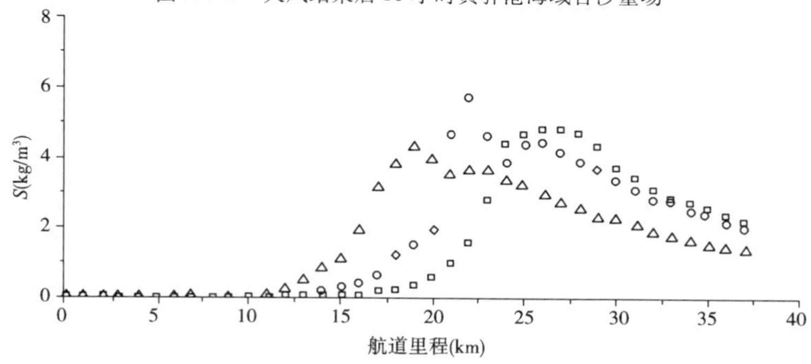

图9.4-4 大风浪期间沿航道典型含沙量分布

整治方案实施后25年一遇骤淤沿程淤积厚度 表9.4-1

里程(km)	淤积厚度(m)	里程(km)	淤积厚度(m)
W0 +0	0.03	W9 +0	0.01
W1 +0	0.03	W10 +0	0.01
W2 +0	0.02	W11 +0	0.02
W3 +0	0.02	W12 +0	0.03
W4 +0	0.02	W13 +0	0.05
W5 +0	0.01	W14 +0	0.10
W6 +0	0.01	W15 +0	0.13
W7 +0	0.01	W16 +0	0.20
W8 +0	0.01	W17 +0	0.36

续上表

里程(km)	淤积厚度(m)	里程(km)	淤积厚度(m)
W18 +0	0.49	W26 +0	0.80
W19 +0	0.62	W27 +0	0.74
W20 +0	0.72	W28 +0	0.60
W21 +0	0.85	W29 +0	0.45
W22 +0	0.45	W30 +0	0.31
W23 +0	0.59	W31 +0	0.10
W24 +0	0.75	W32 +0	0.02
W25 +0	0.86		

9.4.2 防沙堤掩护范围至 W19 +0 时回淤计算

防沙堤掩护范围至 W19 +0 以远初步设计两个方案:(1) W16 +0 以内为出水堤(堤顶高程 4.2m), W16 +0 ~ W19 +0 为中水堤(堤顶高程 2.5m);(2) W12 +0 以内为出水堤(堤顶高程 4.2m), W12 +0 ~ W19 +0 为中水堤(堤顶高程 2.5m)。

图 9.4-5 为方案一实施后遭遇 2003 年 10 月 10 日为代表的大风过程 5 小时后的含沙量场,图 9.4-6 为强风过程形成的含沙量最大时黄骅港海域含沙量场,图 9.4-7 为大风结束后 10 小时海域含沙量场。图 9.4-8 显示了三组大风期间沿航道的典型含沙量分布。表 9.4-2 列出了方案一 25 年一遇骤淤淤强沿程分布情况。

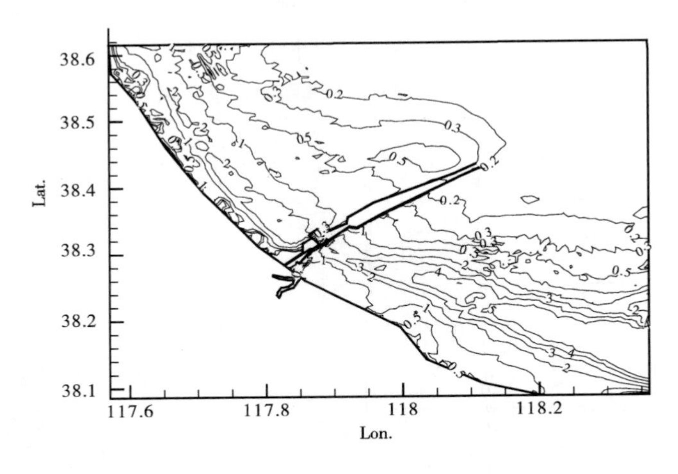

图 9.4-5 大风开始后 5 小时黄骅港海域含沙量场(方案一)

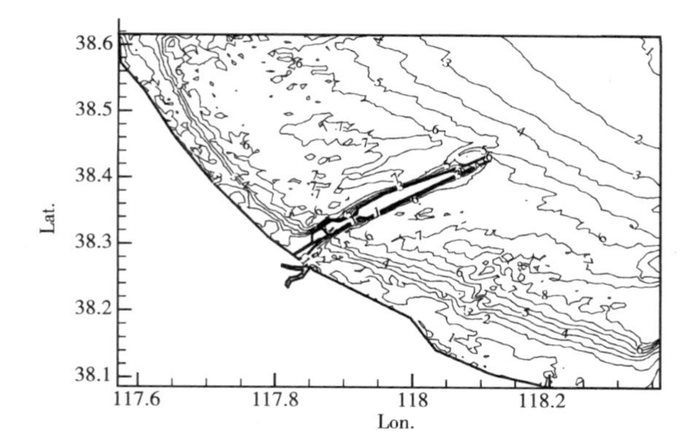

图9.4-6 含沙量最大时黄骅港海域含沙量场(方案一)

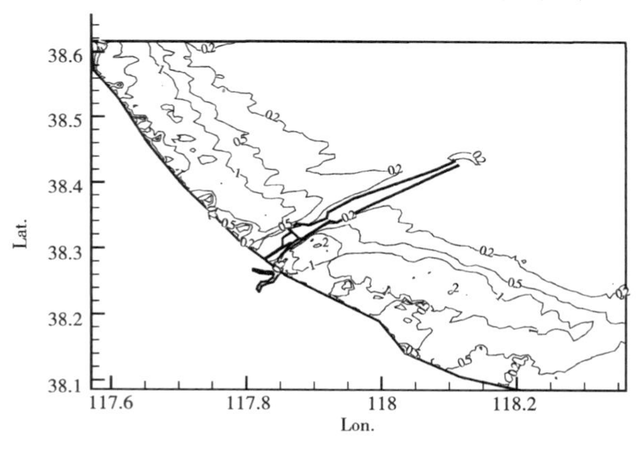

图9.4-7 大风结束后10小时黄骅港海域含沙量场(方案一)

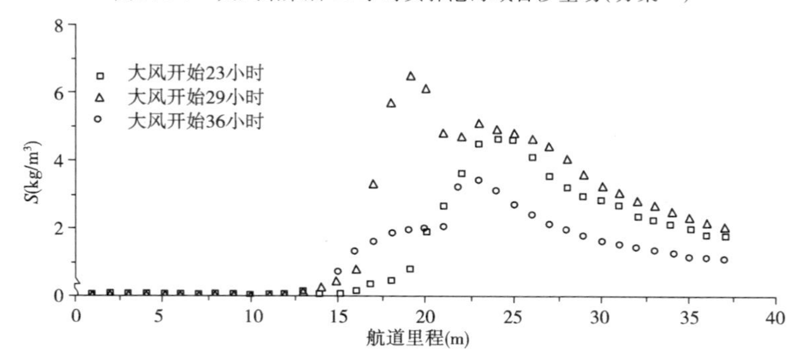

图9.4-8 大风浪期间沿航道典型含沙量分布(方案一)

图 9.4-9 为方案二实施后遭遇 2003 年 10 月 10 日为代表的大风过程 5 小时后的含沙量场，图 9.4-10 为强风过程形成的含沙量最大时黄骅港海域含沙量场，图 9.4-11 为大风结束后 10 小时海域含沙量场。图 9.4-12 显示了三组大风期间沿航道的典型含沙量分布。表 9.4-3 列出了方案二 25 年一遇骤淤淤强沿程分布情况。

方案一实施后 25 年一遇骤淤沿程淤积厚度 表 9.4-2

里程(km)	淤积厚度(m)	里程(km)	淤积厚度(m)
W0 +0	0.08	W17 +0	0.94
W1 +0	0.05	W18 +0	1.12
W2 +0	0.03	W19 +0	0.87
W3 +0	0.04	W20 +0	0.80
W4 +0	0.03	W21 +0	1.08
W5 +0	0.02	W22 +0	1.17
W6 +0	0.01	W23 +0	1.18
W7 +0	0.01	W24 +0	1.14
W8 +0	0.01	W25 +0	1.07
W9 +0	0.01	W26 +0	0.87
W10 +0	0.01	W27 +0	0.74
W11 +0	0.03	W28 +0	0.57
W12 +0	0.05	W29 +0	0.41
W13 +0	0.14	W30 +0	0.23
W14 +0	0.33	W31 +0	0.08
W15 +0	0.49	W32 +0	0.02
W16 +0	0.68		

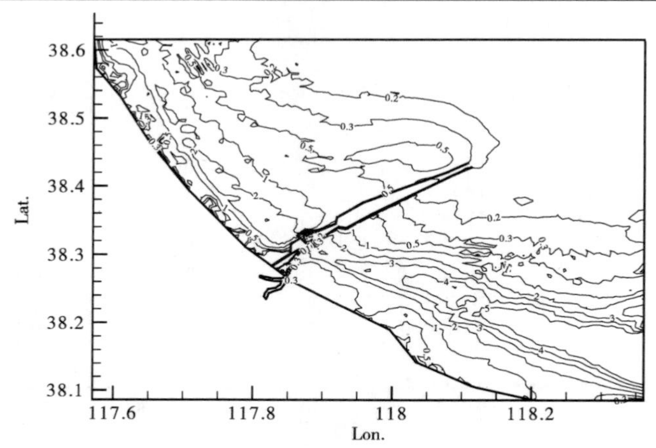

图 9.4-9 大风开始后 5 小时黄骅港海域含沙量场(方案二)

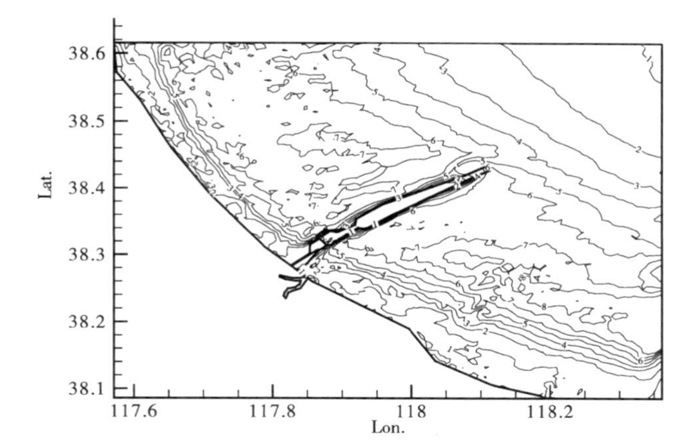

图 9.4-10 含沙量最大时黄骅港海域含沙量场(方案二)

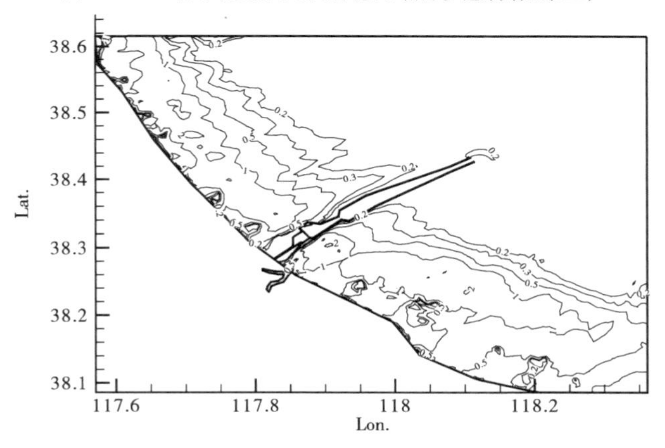

图 9.4-11 大风结束后 10 小时黄骅港海域含沙量场(方案二)

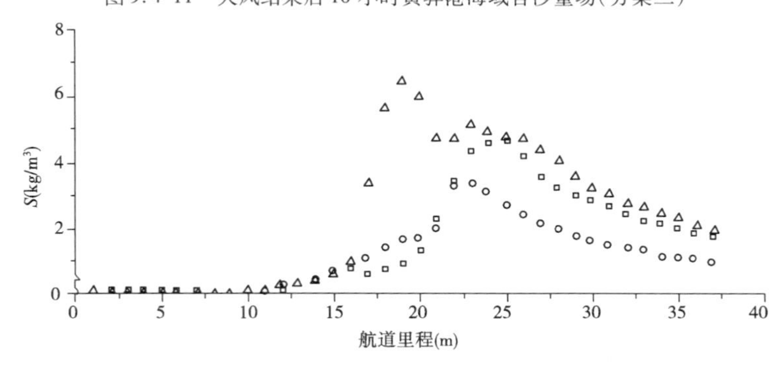

图 9.4-12 大风浪期间沿航道典型含沙量分布(方案二)

方案二实施后25年一遇骤淤沿程淤积厚度　　表9.4-3

里程(km)	淤积厚度(m)	里程(km)	淤积厚度(m)
W0 +0	0.10	W17 +0	1.00
W1 +0	0.07	W18 +0	1.05
W2 +0	0.05	W19 +0	0.77
W3 +0	0.05	W20 +0	0.70
W4 +0	0.04	W21 +0	1.03
W5 +0	0.03	W22 +0	1.14
W6 +0	0.02	W23 +0	1.16
W7 +0	0.02	W24 +0	1.12
W8 +0	0.02	W25 +0	1.06
W9 +0	0.02	W26 +0	0.86
W10 +0	0.04	W27 +0	0.73
W11 +0	0.08	W28 +0	0.56
W12 +0	0.18	W29 +0	0.40
W13 +0	0.34	W30 +0	0.22
W14 +0	0.56	W31 +0	0.07
W15 +0	0.75	W32 +0	0.02
W16 +0	0.87		

9.4.3　防沙堤掩护范围至16km时回淤计算

该方案为出水堤至W8 +0(堤顶高程4.0m)、中水堤为W8 +0 ~ W12 +0(堤顶高程2.5m)、潜堤为W12 +0 ~ W16 +0(堤顶高程1.0m)。表9.4-4列出了根据泥沙数学模型的得到的该方案实施后25年一遇骤淤淤强分布。

整治方案实施后25年一遇骤淤沿程淤积厚度　　表9.4-4

里程(km)	淤积厚度(m)	里程(km)	淤积厚度(m)
W0 +0	0.05	W6 +0	0.09
W1 +0	0.07	W7 +0	0.16
W2 +0	0.05	W8 +0	0.41
W3 +0	0.04	W9 +0	0.58
W4 +0	0.04	W10 +0	0.67
W5 +0	0.05	W11 +0	0.76

续上表

里程(km)	淤积厚度(m)	里程(km)	淤积厚度(m)
W12 +0	0.95	W23 +0	1.18
W13 +0	1.15	W24 +0	1.08
W14 +0	1.32	W25 +0	0.99
W15 +0	1.45	W26 +0	0.9
W16 +0	0.96	W27 +0	0.78
W17 +0	1.08	W28 +0	0.52
W18 +0	1.34	W29 +0	0.41
W19 +0	1.47	W30 +0	0.21
W20 +0	1.42	W31 +0	0.07
W21 +0	1.36	W32 +0	0.02
W22 +0	1.29		

9.4.4 防沙堤修建后的泥沙运动及各种整治方案的讨论

比较防沙堤修建后和现状条件下黄骅港海域的泥沙运动可知,防沙堤修建后,近岸泥沙在离岸水流的作用下能够沿防沙堤运动至更远的距离并与航道相交。受此影响,在相同动力条件下,航道某些未掩护区域由于防沙堤修建而比现状回淤强度有所增大。但对于比较长的防沙堤,近岸泥沙向外输移并和航道相交时的含沙量与现状相比已经显著降低,因此航道最大回淤厚度及回淤总量将明显比现状条件下的回淤厚度降低。表9.4-5列出了上述各种方案情况下25年一遇骤淤淤积情况。比较各种整治方案的航道回淤计算结果可以得知,W16 +0以远的四种防沙堤方案均能够有效减少25年一遇航道骤淤,而且可满足25年骤淤发生时3.5万吨级船舶进出港不碍航的条件,即25年一遇骤淤发生时航道最大淤积厚度均不超过1.7m。防沙堤方案的最终确定,可进一步根据投资动态效益来确定。

不同掩护范围防沙堤方案25年一遇骤淤回淤数量 表9.4-5

方案＼淤积	外航道总淤积量(万 m^3)	掩护区淤积量(万 m^3)	非掩护区淤积量(万 m^3)	掩护区减淤率(%)	外航道减少淤积量(万 m^3)	外航道最大淤强(m)	最大淤强发生位置
掩护至 W22 +0	132	60	72	92.4	742	0.86	25 +0
掩护至 W19 +0(方案一)	220	69	151	90.6	654	1.18	23 +0

续上表

方案 \ 淤积	外航道总淤积量(万 m^3)	掩护区淤积量(万 m^3)	非掩护区淤积量(万 m^3)	掩护区减淤率(%)	外航道减少淤积量(万 m^3)	外航道最大淤强(m)	最大淤强发生位置
掩护至 W19 +0(方案二)	232	86	146	88.3	642	1.16	23 +0
掩护至 W16 +0	355	128	227	80.4	529	1.47	19 +0
无整治工程	874	790 (W0 +0 ~ W22 +0) 732 (W0 +0 ~ W19 +0) 652 (W0 +0 ~ W16 +0)	84 (W22 +0 ~ W32 +0) 142 (W19 +0 ~ W32 +0) 222 (W16 +0 ~ W32 +0)	0	0	3.19	7 +0

9.5 推荐整治方案回淤量计算

为了最大限度节省投资并保证年吞吐量,航道整治工程最终确定的航道规模为:5 万吨船舶通航水深 11.5m、3.5 万吨船舶通航水深 9.8m、底宽 150m。由航道规模可知,发生骤淤时 3.5 万吨船舶乘潮进出港不碍航的条件为骤淤最大强度小于 1.7m。由于受近期航道整治投资规模所限,最终设计的整治工程从以下两方案中选择:(1)W0 +0 ~ W8 +0 堤顶高程 3.5m,W8 +0 ~ W1 0 +5 堤顶标高由 3.5m 均坡过渡到 -1.0m,坡度约为 0.18%,堤心采用抛石;(2)W0 +0 ~ W8 +0 堤顶高程 3.5m,W8 +0 ~ W11 +0 堤顶标高由 3.5m 均坡过渡到 -3.0m,坡度约为 0.216%,W11 +0 ~ W13 +0 堤顶高程均为 -3.0m,堤心采用袋装沙。这里利用数学模型估算上述两种整治方案的航道回淤情况。

9.5.1 多年一遇骤淤情况

按照前面提到的折合方法进行计算,表 9.5-1 和表 9.5-2 分别列出了两种整治方案 25 年一遇、15 年一遇及 10 年一遇骤淤分布情况。根据计算结果可以得知,方案一实施后 25 年与 15 年一遇最大骤淤厚度分别为 2.69m 和 2.16m,不能满足骤淤不碍航的整治要求。方案一实施后 10 年一遇最大骤淤厚度为 1.68m,满足骤淤不碍航的整治要求。方案二实施后 25 年与 15 年一遇最大骤淤厚度分别为 2.29m和 1.83m,不能满足骤淤发生时 3.5 万吨级船舶不碍航的整治要求。方案二实施后 10 年一遇最大骤淤厚度为 1.43m,满足骤淤不碍航的整治要求。由此可见,受近期投资规模所控制,外航道整治工程标准应定为 10 年一遇骤淤不产生碍航(骤淤淤强不超过 1.7m)。为了比较,表 9.5-3 列出了无整治工程时外航道 25、15 和 10 年一遇骤淤淤强分布。

整治方案一实施后多年一遇骤淤沿程淤积厚度　　表 9.5-1

里程(km)	淤积厚度(m)			里程(km)	淤积厚度(m)		
	25 年一遇	15 年一遇	10 年一遇		25 年一遇	15 年一遇	10 年一遇
W0 +0	0.09	0.07	0.05	W12 +0	2.69	2.16	1.68
W1 +0	0.17	0.14	0.11	W13 +0	2.69	2.15	1.68
W2 +0	0.21	0.17	0.13	W14 +0	2.65	2.12	1.66
W3 +0	0.26	0.21	0.17	W15 +0	2.54	2.03	1.59
W4 +0	0.32	0.26	0.20	W16 +0	2.33	1.86	1.45
W5 +0	0.36	0.28	0.22	W17 +0	2.13	1.70	1.33
W6 +0	0.39	0.31	0.24	W18 +0	1.90	1.52	1.19
W7 +0	0.51	0.41	0.32	W19 +0	1.65	1.32	1.03
W8 +0	0.94	0.76	0.59	W20 +0	1.45	1.16	0.91
W8 +2	1.08	0.86	0.67	W21 +0	1.32	1.05	0.82
W8 +4	1.27	1.02	0.80	W22 +0	1.12	0.90	0.70
W8 +6	1.49	1.20	0.93	W23 +0	0.97	0.77	0.61
W8 +8	1.64	1.31	1.03	W24 +0	0.83	0.67	0.52
W9 +0	1.80	1.44	1.12	W25 +0	0.74	0.59	0.46
W9 +2	1.96	1.57	1.23	W26 +0	0.71	0.57	0.45
W9 +4	2.06	1.65	1.29	W27 +0	0.65	0.52	0.41
W9 +6	2.16	1.73	1.35	W28 +0	0.45	0.36	0.28
W9 +8	2.24	1.79	1.40	W29 +0	0.20	0.16	0.13
W10 +0	2.33	1.87	1.46	W30 +0	0.13	0.10	0.08
W10 +2	2.45	1.96	1.53	W31 +0	0.06	0.05	0.04
W10 +5	2.37	1.90	1.48	W32 +0	0.02	0.02	0.01
W11 +0	2.32	1.85	1.45				

表 9.5-4 ~ 表 9.5-6 分别列出了方案一和方案二 25、15 及 10 年一遇骤淤的回淤情况，为了比较减淤效益，表中同时还列出了不建整治工程时对应的多年一遇回淤情况。与前面堤长 22km、19km 及 16km 的计算结果相比，最终整治方案一与方案二 25 年一遇骤淤的减淤效益明显降低。

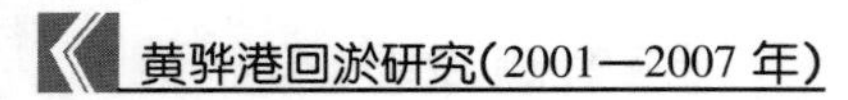

整治方案二实施后多年一遇骤淤沿程淤积厚度 表9.5-2

里程(km)	淤积厚度(m)			里程(km)	淤积厚度(m)		
	25年一遇	15年一遇	10年一遇		25年一遇	15年一遇	10年一遇
W0+0	0.09	0.07	0.06	W12+0	2.03	1.62	1.26
W1+0	0.23	0.18	0.14	W13+0	2.18	1.74	1.36
W2+0	0.25	0.20	0.16	W14+0	2.29	1.83	1.43
W3+0	0.29	0.23	0.18	W15+0	2.21	1.77	1.38
W4+0	0.48	0.38	0.30	W16+0	2.08	1.66	1.30
W5+0	0.45	0.36	0.28	W17+0	1.92	1.53	1.20
W6+0	0.45	0.36	0.28	W18+0	1.70	1.36	1.06
W7+0	0.60	0.48	0.38	W19+0	1.53	1.23	0.96
W7+5	0.74	0.59	0.46	W20+0	1.37	1.10	0.86
W8+0	0.90	0.72	0.56	W21+0	1.19	0.95	0.74
W8+5	0.97	0.78	0.61	W22+0	1.08	0.87	0.68
W9+0	1.73	1.38	1.08	W23+0	0.91	0.73	0.57
W9+5	2.02	1.62	1.27	W24+0	0.81	0.65	0.51
W10+0	2.19	1.76	1.37	W25+0	0.76	0.60	0.47
W10+5	2.22	1.77	1.39	W26+0	0.65	0.52	0.41
W11+0	2.23	1.79	1.40	W27+0	0.45	0.36	0.28
W11+5	2.13	1.70	1.33	W28+0	0.21	0.17	0.13
W12+0	2.10	1.68	1.31	W29+0	0.13	0.11	0.08
W12+5	2.14	1.71	1.34	W30+0	0.06	0.05	0.04
W13+0	2.22	1.78	1.39	W31+0	0.02	0.01	0.01

无整治工程多年一遇骤淤沿程淤积厚度 表9.5-3

里程(km)	淤积厚度(m)			里程(km)	淤积厚度(m)		
	25年一遇	15年一遇	10年一遇		25年一遇	15年一遇	10年一遇
W0+0	0.81	0.66	0.52	W5+0	2.83	2.28	1.81
W1+0	1.47	1.19	0.94	W6+0	3.00	2.43	1.92
W2+0	2.00	1.62	1.28	W7+0	3.19	2.58	2.04
W3+0	2.35	1.90	1.50	W8+0	3.17	2.56	2.02
W4+0	2.63	2.13	1.68	W9+0	3.08	2.49	1.97

续上表

里程(km)	淤积厚度(m)			里程(km)	淤积厚度(m)		
	25年一遇	15年一遇	10年一遇		25年一遇	15年一遇	10年一遇
W10 +0	2.89	2.33	1.85	W22 +0	1.05	0.85	0.67
W11 +0	2.73	2.20	1.74	W23 +0	0.92	0.75	0.59
W12 +0	2.59	2.10	1.66	W24 +0	0.80	0.64	0.51
W13 +0	2.39	1.93	1.53	W25 +0	0.75	0.61	0.48
W14 +0	2.29	1.85	1.46	W26 +0	0.71	0.57	0.45
W15 +0	2.11	1.70	1.35	W27 +0	0.64	0.52	0.41
W16 +0	1.94	1.57	1.24	W28 +0	0.50	0.41	0.32
W17 +0	1.82	1.47	1.16	W29 +0	0.38	0.30	0.24
W18 +0	1.57	1.27	1.01	W30 +0	0.19	0.15	0.12
W19 +0	1.43	1.16	0.91	W31 +0	0.05	0.04	0.04
W20 +0	1.30	1.05	0.83	W32 +0	0.01	0.01	0.01
W21 +0	1.18	0.96	0.76				

方案一与方案二25年一遇骤淤回淤数量 表9.5-4

淤积 方案	外航道总淤积量(万 m^3)	掩护区淤积量(万 m^3)	非掩护区淤积量(万 m^3)	掩护区减淤率(%)	外航道减少淤积量(万 m^3)
方案一	589	117 (W0 +0 ~ W10 +5)	472 (W10 +5 ~ W32 +0)	73.4	285
方案二	561	204 (W0 +0 ~ W13 +0)	357 (W13 +0 ~ W32 +0)	62.6	313
无整治工程	874	440 (W0 +0 ~ W10 +5) 546(W0 +0 ~ W13 +0)	434 (W10 +5 ~ W32 +0) 328 (W13 +0 ~ W32 +0)	0	0

方案一与方案二15年一遇骤淤回淤数量 表9.5-5

淤积 方案	外航道总淤积量(万 m^3)	掩护区淤积量(万 m^3)	非掩护区淤积量(万 m^3)	掩护区减淤率(%)	外航道减少淤积量(万 m^3)
方案一	466	93 (W0 +0 ~ W10 +5)	373 (W10 +5 ~ W32 +0)	73.6	260
方案二	444	161 (W0 +0 ~ W13 +0)	283 (W13 +0 ~ W32 +0)	63.2	276
无整治工程	699	353 (W0 +0 ~ W10 +5) 438(W0 +0 ~ W13 +0)	346(W10 +5 ~ W32 +0) 261(W13 +0 ~ W32 +0)	0	0

方案一与方案二 10 年一遇骤淤回淤数量　　表 9.5-6

淤积 方案	外航道总淤积量(万 m^3)	掩护区淤积量(万 m^3)	非掩护区淤积量(万 m^3)	掩护区减淤率(%)	外航道减少淤积量(万 m^3)
方案一	360	72 (W0+0～W10+5)	288 (W10+5～W32+0)	73.7	186
方案二	344	125 (W0+0～W13+0)	219 (W13+0～W32+0)	63.2	202
无整治工程	546	274(W0+0～W10+5) 340(W0+0～W13+0)	272(W10+5～W32+0) 206(W13+0～W32+0)	0	0

9.5.2　关于缓冲区宽度对航道回淤的影响

在上述整治方案一和方案二中,实际上又分别分为缓冲区宽度为 2km 与无缓冲区两种情况,上述计算主要是针对缓冲区宽度为 2km 的方案进行的。为了比较缓冲区宽度的影响,这里计算了方案一无缓冲区时 25 年一遇骤遇情况。图 9.5-1 显示了方案一 2km 缓冲区与无缓冲区 25 年一遇骤遇回淤分布。由图可见,2km 缓冲区方案在掩护区淤积略大一些,但二者很接近。从总回淤量上看,两种方案 25 年一遇骤淤总淤积量分别为 589 与 579 万 m^3,二者也是很接近的。

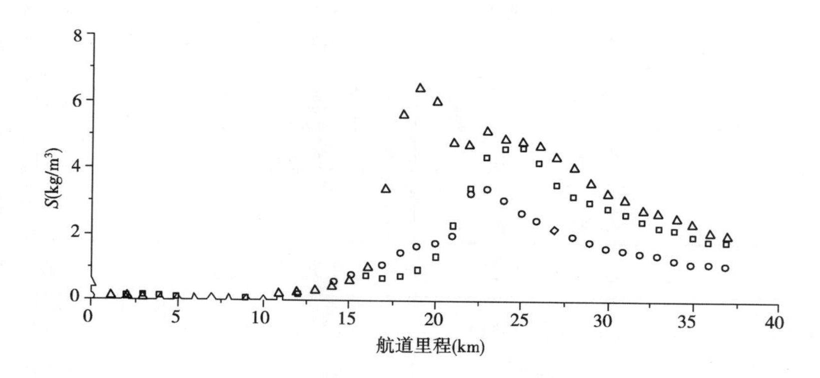

图 9.5-1　不同缓冲区回淤情况比较

9.5.3　一般性骤淤及正常回淤的减淤效果

除了多年一遇的骤淤外,一般性骤淤对黄骅港影响也相当大,为了合理评价整治工程实施后的减淤效益,这里以 2002 年 10 月 18 日动力条件为代表,计算整治方案实施后外航道一般性骤淤情况。表 9.5-7 给出了 2002 年 10 月 18 日为代表的大风过程作用下方案一与方案二实施后及无整治工程时一般性骤淤淤积厚度沿程分布情况。表9.5-8列出了方案一与方案二实施后及无整治工程时发生一般性骤淤时外航道各种回淤量值。根据上述计算结果可知,2002年10月18日为代表的动力条件作用下,整治方案一实施后外航道掩护区内的减淤率达83%,整个外航道可减淤182万m^3;整治方案二实施后外航道掩护区内的减淤率达72.9%,整个外航道可减淤185万m^3。根据上述计算结果可知,对于一般性骤淤,外航道整治工程实施后具有较高的减淤效率。

整治工程前后一般性骤淤淤强分布(2002年10月18日大风为代表) 表9.5-7

里程(km)	淤积厚度(m)			里程(km)	淤积厚度(m)		
	方案一	方案二	无整治		方案一	方案二	无整治
W0 +0	0.03	0.03	0.88	W16 +0	0.74	0.79	0.53
W1 +0	0.04	0.04	1.51	W17 +0	0.66	0.69	0.48
W2 +0	0.05	0.04	1.77	W18 +0	0.58	0.64	0.43
W3 +0	0.06	0.07	1.78	W19 +0	0.49	0.57	0.39
W4 +0	0.08	0.09	1.85	W20 +0	0.42	0.51	0.35
W5 +0	0.09	0.09	1.71	W21 +0	0.37	0.45	0.31
W6 +0	0.10	0.13	1.60	W22 +0	0.33	0.39	0.28
W7 +0	0.18	0.25	1.49	W23 +0	0.29	0.35	0.26
W8 +0	0.43	0.40	1.31	W24 +0	0.25	0.32	0.24
W9 +0	0.71	0.64	1.21	W25 +0	0.23	0.28	0.23
W10 +0	0.94	0.71	1.06	W26 +0	0.21	0.24	0.18
W10 +5	1.00	0.73	1.00	W27 +0	0.17	0.19	0.16
W11 +0	0.91	0.77	0.93	W28 +0	0.12	0.16	0.12
W12 +0	0.90	0.77	0.79	W29 +0	0.06	0.09	0.06
W13 +0	0.92	0.76	0.71	W30 +0	0.04	0.06	0.04
W14 +0	0.88	0.58	0.65	W31 +0	0.02	0.03	0.02
W15 +0	0.82	0.82	0.59	W32 +0	0.01	0.01	0.01

为了进一步估计减淤效益,我们进一步计算了25年平均的年回淤情况,该回淤可认为只由一般性大风骤淤与正常回淤(中小风)所引起。表9.5-9出了整治方案一、方案二实施后以及无整治工程时25年平均年回淤淤强分布。表9.5-10列出了方案一与方案二实施后以及无整治工程时25年平均年回淤量值。

9.5.4 多年一遇年淤积计算

为了进一步评估航道整治工程效益,并为整治工程实施后疏浚安排提供依据,这里估算25年、15年及10年一遇年淤积量及其淤强分布。根据第七章所采用的25年、15年及10年一遇年淤积量的组成,表9.5-11～表9.5-13分别列出了整治方案一、整治方案二及无整治工程时25、15及10年一遇年淤强分布,表9.5-14～表9.5-16列出了整治工程前后25、15及10年一遇年淤积量的比较情况。

方案一与方案二实施后及无整治工程时一般性骤淤回淤数量 表9.5-8

淤积 方案	外航道总淤积量(万 m^3)	掩护区淤积量(万 m^3)	非掩护区淤积量(万 m^3)	掩护区减淤率(%)	外航道减少淤积量(万 m^3)
方案一	184	42 (W0+0～W10+5)	142 (W10+5～W32+0)	83.0	182
方案二	181	67 (W0+0～W13+0)	114 (W13+0～W32+0)	72.9	185
无整治工程	366	247 (W0+0～W10+5) 290 (W0+0～W13+0)	119 (W10+5～W32+0) 76 (W13+0～W32+0)	0	0

整治工程前后25年平均年淤强分布 表9.5-9

里程(km)	淤积厚度(m)			里程(km)	淤积厚度(m)		
	方案一	方案二	无整治		方案一	方案二	无整治
W0+0	0.06	0.07	1.90	W16+0	1.61	1.74	1.14
W1+0	0.10	0.09	3.25	W17+0	1.46	1.52	1.04
W2+0	0.11	0.09	3.82	W18+0	1.26	1.40	0.92
W3+0	0.14	0.15	3.83	W19+0	1.08	1.25	0.85
W4+0	0.18	0.19	3.98	W20+0	0.92	1.11	0.74
W5+0	0.19	0.20	3.69	W21+0	0.82	0.98	0.67
W6+0	0.23	0.29	3.44	W22+0	0.72	0.85	0.60
W7+0	0.39	0.55	3.20	W23+0	0.64	0.77	0.56
W8+0	0.93	0.89	2.82	W24+0	0.56	0.70	0.53
W9+0	1.55	1.41	2.60	W25+0	0.51	0.61	0.50
W10+0	2.06	1.55	2.29	W26+0	0.45	0.53	0.40
W10+5	2.20	1.61	2.14	W27+0	0.38	0.42	0.34
W11+0	2.00	1.69	1.99	W28+0	0.27	0.34	0.25
W12+0	1.97	1.70	1.69	W29+0	0.14	0.20	0.13
W13+0	2.02	1.66	1.54	W30+0	0.09	0.14	0.09
W14+0	1.94	1.28	1.39	W31+0	0.04	0.06	0.04
W15+0	1.80	1.79	1.27	W32+0	0.02	0.02	0.02

方案一与方案二实施后25年平均年回淤情况 表9.5-10

淤积 方案	外航道总淤积量(万 m^3)	掩护区淤积量(万 m^3)	非掩护区淤积量(万 m^3)	掩护区减淤率(%)	外航道减少淤积量(万 m^3)
方案一	414	93 (W0+0~W10+5)	321 (W10+5~W32+0)	83.5	410
方案二	407	151 (W0+0~W13+0)	256 (W13+0~W32+0)	76.2	417
无整治工程	824	563(W0+0~W10+5) 635(W0+0~W13+0)	261(W10+5~W32+0) 189(W13+0~W32+0)	0	0

整治工程前后25年一遇年淤强分布 表9.5-11

里程(km)	淤积厚度(m)			里程(km)	淤积厚度(m)		
	方案一	方案二	无整治		方案一	方案二	无整治
W0+0	0.16	0.18	3.10	W16+0	4.23	4.26	3.31
W1+0	0.29	0.34	5.38	W17+0	3.85	3.88	3.07
W2+0	0.34	0.36	6.59	W18+0	3.39	3.57	2.68
W3+0	0.43	0.46	6.96	W19+0	2.93	3.18	2.44
W4+0	0.53	0.70	7.41	W20+0	2.54	2.85	2.19
W5+0	0.58	0.68	7.26	W21+0	2.28	2.53	1.99
W6+0	0.65	0.79	7.13	W22+0	1.97	2.19	1.78
W7+0	0.97	1.25	7.03	W23+0	1.72	1.99	1.60
W8+0	2.05	1.94	6.55	W24+0	1.49	1.74	1.43
W9+0	3.63	3.39	6.20	W25+0	1.34	1.54	1.35
W10+0	4.76	4.02	5.64	W26+0	1.24	1.38	1.18
W10+5	5.13	4.11	5.38	W27+0	1.10	1.15	1.05
W11+0	4.74	4.23	5.12	W28+0	0.77	0.85	0.80
W12+0	5.01	4.10	4.62	W29+0	0.36	0.45	0.54
W13+0	5.08	4.18	4.23	W30+0	0.23	0.29	0.29
W14+0	4.93	3.68	3.96	W31+0	0.11	0.13	0.10
W15+0	4.67	4.40	3.63	W32+0	0.05	0.04	0.03

整治工程前后15年一遇年淤强分布 表9.5-12

里程(km)	淤积厚度(m)			里程(km)	淤积厚度(m)		
	方案一	方案二	无整治		方案一	方案二	无整治
W0 +0	0.14	0.16	2.90	W16 +0	3.73	3.78	2.92
W1 +0	0.25	0.29	5.03	W17 +0	3.39	3.43	2.70
W2 +0	0.29	0.31	6.13	W18 +0	2.99	3.15	2.36
W3 +0	0.38	0.40	6.43	W19 +0	2.58	2.81	2.16
W4 +0	0.46	0.60	6.83	W20 +0	2.24	2.52	1.93
W5 +0	0.51	0.59	6.65	W21 +0	2.00	2.24	1.75
W6 +0	0.57	0.70	6.50	W22 +0	1.73	1.93	1.56
W7 +0	0.86	1.12	6.36	W23 +0	1.51	1.76	1.41
W8 +0	1.84	1.75	5.89	W24 +0	1.31	1.54	1.27
W9 +0	3.24	3.02	5.57	W25 +0	1.18	1.36	1.20
W10 +0	4.25	3.55	5.04	W26 +0	1.09	1.22	1.04
W10 +5	4.58	3.64	4.80	W27 +0	0.96	1.01	0.92
W11 +0	4.22	3.75	4.56	W28 +0	0.68	0.75	0.70
W12 +0	4.43	3.65	4.10	W29 +0	0.32	0.40	0.46
W13 +0	4.50	3.70	3.75	W30 +0	0.20	0.26	0.26
W14 +0	4.36	3.22	3.50	W31 +0	0.09	0.12	0.09
W15 +0	4.12	3.91	3.20	W32 +0	0.05	0.04	0.03

整治工程前后10年一遇年淤强分布 表9.5-13

里程(km)	淤积厚度(m)			里程(km)	淤积厚度(m)		
	方案一	方案二	无整治		方案一	方案二	无整治
W0 +0	0.10	0.11	1.91	W7 +0	0.60	0.77	4.39
W1 +0	0.18	0.21	3.32	W8 +0	1.26	1.20	4.09
W2 +0	0.21	0.22	4.07	W9 +0	2.24	2.09	3.88
W3 +0	0.27	0.29	4.31	W10 +0	3.17	2.49	3.53
W4 +0	0.33	0.43	4.60	W10 +5	2.92	2.54	3.37
W5 +0	0.36	0.42	4.51	W11 +0	3.10	2.61	3.20
W6 +0	0.40	0.49	4.44	W12 +0	3.13	2.53	2.90

续上表

里程(km)	淤积厚度(m)			里程(km)	淤积厚度(m)		
	方案一	方案二	无整治		方案一	方案二	无整治
W13 +0	3.05	2.58	2.65	W23 +0	1.06	1.23	0.89
W14 +0	2.88	2.28	2.48	W24 +0	0.92	1.07	0.84
W15 +0	3.10	2.72	2.28	W25 +0	0.83	0.95	0.74
W16 +0	2.61	2.63	2.08	W26 +0	0.77	0.85	0.66
W17 +0	2.38	2.40	1.68	W27 +0	0.68	0.71	0.50
W18 +0	2.10	2.20	1.53	W28 +0	0.48	0.52	0.34
W19 +0	1.81	1.96	1.37	W29 +0	0.22	0.27	0.18
W20 +0	1.57	1.76	1.25	W30 +0	0.14	0.18	0.06
W21 +0	1.41	1.56	1.11	W31 +0	0.07	0.08	0.02
W22 +0	1.22	1.35	1.00	W32 +0	0.03	0.03	1.68

整治工程前后25年一遇年淤积情况 表9.5-14

淤积 方案	外航道总淤积量(万 m^3)	掩护区淤积量(万 m^3)	非掩护区淤积量(万 m^3)	掩护区减淤率(%)	外航道减少淤积量(万 m^3)
方案一	1048	228 (W0 +0 ~ W10 +5)	820 (W10 +5 ~ W32 +0)	79.8	834
方案二	1017	383 (W0 +0 ~ W13 +0)	634 (W13 +0 ~ W32 +0)	71.1	865
无整治工程	1882	1131(W0 +0 ~ W10 +5) 1326 (W0 +0 ~ W13 +0)	751 (W10 +5 ~ W32 +0) 556 (W13 +0 ~ W32 +0)	0	0

整治工程前后15年一遇年淤积情况 表9.5-15

淤积 方案	外航道总淤积量(万 m^3)	掩护区淤积量(万 m^3)	非掩护区淤积量(万 m^3)	掩护区减淤率(%)	外航道减少淤积量(万 m^3)
方案一	844	181 (W0 +0 ~ W10 +5)	663 (W10 +5 ~ W32 +0)	81.0	691
方案二	818	301 (W0 +0 ~ W13 +0)	517 (W13 +0 ~ W32 +0)	72.7	717
无整治工程	1535	951 (W0 +0 ~ W10 +5) 1104 (W0 +0 ~ W13 +0)	584 (W10 +5 ~ W32 +0) 431 (W13 +0 ~ W32 +0)	0	0

整治工程前后 10 年一遇年淤积情况　　表 9.5-16

淤积／方案	外航道总淤积量(万 m^3)	掩护区淤积量(万 m^3)	非掩护区淤积量(万 m^3)	掩护区减淤率(%)	外航道减少淤积量(万 m^3)
方案一	654	138 (W0 +0 ~ W10 +5)	516 (W10 +5 ~ W32 +0)	79.6	483
方案二	633	232 (W0 +0 ~ W13 +0)	401 (W13 +0 ~ W32 +0)	70.7	504
无整治工程	1137	675 (W0 +0 ~ W10 +5) 793 (W0 +0 ~ W13 +0)	462 (W10 +5 ~ W32 +0) 344 (W13 +0 ~ W32 +0)	0	0

9.6　本章小结

本章利用考虑风、浪、流综合作用的泥沙运动数学模型对黄骅港海域的泥沙运动进行数学模拟,得到了大风浪作用过程中黄骅港海域泥沙场的变化规律,并在此基础上计算了黄骅港外航道回淤情况。选取合适参数的情况下,所建立的模型能够合理描述黄骅港外航道在一次大风浪过程中的骤淤情况。利用验证后的模型计算了不同掩护长度的防沙堤的防淤效果,根据计算结果并结合经济效益分析,可确定合理的方案。由于受投资规模的控制,最后推荐的方案为防沙堤掩护范围至W10 +5 和 W13 +0 的方案。针对最终推荐整治方案进行了各种多年一遇骤淤计算和 25 年平均年淤积量及多年一遇年淤积量计算,结果表明,虽然推荐整治方案针对 10 年以上一遇骤淤全航道减淤率不是很大,但掩护区内减淤率均可达 62% 以上。针对 25 年平均的年淤积量,整治工程实施后能够有效减淤,可将824 万 m^3 的年淤积量减至 414(407)万 m^3 左右。就防沙堤缓冲区宽度而言,计算结果表明,2km 宽缓冲区方案回淤量比无缓冲区回淤量稍微大一些,但二者差别很小(25 年一遇骤淤相差 10 万 m^3)。

10 黄骅港航道减淤整治措施的研究手段

黄骅港航道减淤整治措施的研究手段主要有:现场测验、数学模型、物理模型和遥感分析。

10.1 现场测验

自2001年以来围绕黄骅港的泥沙问题进行了大量的现场勘测,取得了丰富的数据资料,为进一步研究黄骅港航道淤积问题提供基础资料。

10.1.1 风资料

黄骅港新村气象站(38°16′N,117°51′E)1991年1月至2003年4月13年风速和风向资料。风速风向观测采用EL电接自记仪,昼夜24小时连续记录,风速感应器离地高度9m。

10.1.2 潮位资料

1)盐码头验潮站

大口河盐码头(38°15′N,117° 46′E)1983年1月至1984年12月两年的潮位资料。

2)千吨码头验潮站

大口河千吨级码头(38°16′N,117°48′E)1986年2月至1987年1月一年的潮位资料。

3)3000吨码头验潮站

大口河3000吨码头(38°16′N,117°51′E)1991年12月至1992年11月一年的潮位资料。

4)黄骅港验潮站

黄骅港杂货码头(38°19′N,117°53′E)2002年5月至2003年4月一年的潮位资料。

10.1.3 潮流资料

1)水文全潮测验

(1)站位布设

1984年9月21日、9月25日、10月13日在河口内的宣惠河和漳卫新河各布设一条垂线,分别距河口1.1km和0.8km,同步进行了大、中、小潮各25小时水文全潮测验。

1985年7月4日、7月7日、8月24日在河口外沿大口河港外航道布设各五条垂线,同步进行了大、中、小潮各25小时水文全潮测验。

2001年3月26日(大潮)和3月28日至29日(中潮),各布设6条垂线,分别位于外航道里程W0+4(-2.5m水深)、W7+5(-5m水深)和W17+0(-8m水深)的南、北滩上,各距航道中线5km。分别同步进行了13小时和27小时的水文全潮测验。

2001年11月22日至23日(小潮)和11月30日至12月1日(大潮),各布设两条垂线,分别位于外航道里程W1+4和W3+0的南滩上,各距航道中心约120m,分别同步进行了26小时流速流向观测。

2002年4月26日(大潮),布设4条测流断面,分别位于防波堤口门以内480m和外航道里程W0+2、W0+7和W1+2,每个断面布设三条垂线,即航道中心和中线南、北各180m。每个断面三条垂线采用流动观测,进行了10个小时流速流向观测。

2002年10月22日至23日(大潮),布设3条水文断面,分别位于外航道里程W6+8(-4.5m水深)、W15+3(-7m水深)和W21+2(-9m水深),每个断面布设3条垂线,即航道中心和中线南、北各30m。每个断面白天采用流动观测,夜间固定在航道中线观测。

(2)观测方法

流速流向使用SLC9-2型直读式海流计分层观测,垂线上测点为五点法:表层、0.2H、0.6H、0.8H和底层。

2)沿堤流观测

(1)站位布设

北堤外侧

2003年3月19—28日和3月14日—19日,在北堤头以里500m,距堤根50m和150m分别布设N_1和N_2两个站点。

南堤外侧

2003年3月24—30日和3月28—30日,在南堤头以里500m和600m,各距堤根50m,分别布设S_1和S_2两个站点。

(2)观测方法

测流使用SLC9-3型自容、直读海流计,每30分钟测量和记忆一次。

3)流路追测

投放浮标,入水深度约1m,由测船跟踪定位。

2001年11月18日和19日(中潮),分别在南、北堤外侧于落潮后2小时进行追测,浮标投放点位于堤头以内400m处,每侧同时投放两个浮标,各距堤根50m和500m,追测至涨潮时为止。

2002年4月27日(大潮)和5月9日(小潮)在外航道W0+0至W1+0南、北两侧水域内,于高、低潮前后进行沿程4~8个浮标的同步追测。

10.1.4 波浪观测

1)7#平台测波站

大口河以北约27km(38°34′N,117°49′E)1972年至1984年13年,每年3月至11月波浪资料。每天于08时、11时、14时和17时观测四次。

2)大口河测波站

大口河东北(38°22′N,117°59′E)1984年8月至10月和1985年4月至6月历时5个月,采用荷兰“波浪骑士”测波仪进行观测。

10.1.5 含沙量资料

1)水文全潮测验

2001年3月26日、2001年3月28—29日和2002年10月22—23日与流速同步进行三次涨、落潮逐时含沙量观测。其中,前两次各布设6个测点,分别位于口门、-5m和-8m水深处的航道两侧,各距航道5km;第三次布设9个测点,分别位于-5m、-8m和-9m水深处的航槽北、中、南各3个测点,南、北两个测点各距中点30m,白天使用三条测船巡测,夜间固定在航道中线观测。垂线测点取5点法,即表层、$0.2H$、$0.6H$、$0.8H$和底层,使用500ml瓶式采样,水样处理采用光电测沙仪。

2)含沙量巡测

2001年11月、2002年4—5月和2003年3—4月三区进行5个月的港区含沙量巡测。前两期垂线测点取三点法,即$0.2H$、$0.6H$、$0.8H$;2003年航道里程4+900测点取7点法,即表层、$0.2H$、$0.6H$、$0.8H$、底层和滩面,其他里程采用5点法。前两次使用500ml瓶式采样器,水样处理采用光电测沙仪;2003年使用横式采样器。

3)定时自动采水器

定时自动采水器是天科所自行研制而成,在大风天预报前投放,2003年共投放了八次,其中四次位于-4m水深处的航道南侧,两次位于北防波堤外侧。

应用定时自动采水器,在大风天气条件下,采集离床面0.5m处水体进行分析,得底部高浓度含沙水体含沙量。在 9 级大风作用下,含沙量可达每立方米几十千克。

10.1.6　遥感图像

由美国陆地卫星 LANDSAT-7ETM + 和 LANDSAT-5TM 遥感图像共计 28 幅,时间自 1999 年 1 月—2002 年 12 月。

10.1.7　工程地质

1995 年外航道自口门至 -9m 共 13 个钻孔资料和 2001 年 4 月航道和南北滩面全部钻孔资料。

10.1.8　沉积物资料

自 1985 年 6 月至 2003 年 4 月在黄骅港近海区与港池、航道共采集沉积物底质样品 9 次。

10.2　数值模拟

10.2.1　整体数学模型

泥沙数学模型的研究应包括波浪、潮流、沿岸流、离岸流、泥沙的数值模拟研究。天津大学曾对黄骅港航道整治方案采用数值模拟的方法进行了研究。

1)黄骅港海域潮流场及其对泥沙运动影响分析

利用 ADCIRC 二维潮流有限元模型计算了黄骅港海域潮流流场,为了保证局部流场计算符合潮流场的整体物理特性,共采用了大、中、小三个模型以嵌套方式进行计算,三个模型分别为渤海、渤海湾和黄骅港海区。在计算渤海二维潮流场时,模型的开边界定在远离研究区域 122°30′E 经线上,边界水位由南北两个测站(成山头和大长山岛)的调和常数计算后插值得到。计算时考虑了四个主要天文分潮(M2、S2、O1 和 K1)。

对黄骅港海区建港前和建港后进行了潮流场的数值计算,并对计算结果进行分析知,建港前后在离建港比较远的海区,流场变化不是很大,但在港口建筑物附近海域流场受建筑物影响较大,发生了明显变化。在涨潮后期,由于港口北侧近岸区域的水流在沿岸方向的流动受到港口建筑物阻挡,流动方向转而变为沿北侧防波堤向外的流动。由于防波堤的阻水效应,此时港口南侧水域的水位明显低于港口北侧的水位,沿防波堤北侧向外海的水流在口门以外的区域变为向南的绕流运动,形成高潮位时的口门横流。在落潮后期,由于港口南侧近岸水域的水流在沿岸方向的流动受到港口建筑物阻挡,流动方向变为沿南防波堤向外海的流动。由于

此时港口北侧水域水位低于港口南侧水位,沿防波堤南侧向外海的水流在口门以外的区域变为向北的绕流运动,形成低潮位时的口门横流。

黄骅港海岸泥沙运动的主要特点是“波浪掀沙、潮流输沙”,因此,局部流场的变化对泥沙运动有着重要影响。由流场计算结果进行分析,由于港口建筑物的存在,浅水区泥沙向外搬运能力得到加强,使得近岸区(如 -2m 处)悬沙向外运动6km 多,这种局部流场引起的泥沙运动不仅是黄骅港外航道正常回淤的重要因素,而且对强风浪天气的回淤规律也有重要影响。

2)黄骅港海域风浪场及其对泥沙运动影响分析

采用第三代风浪模式 SWAN 模型模拟黄骅港海域的波浪场。风浪计算模型也采用大、中、小嵌套方式进行,渤海为大模型,渤海湾为中模型,黄骅港海域为小模型。

由于强风作用在黄骅港回淤中占有重要地位,本模型主要考虑的是强风作用下黄骅港海域波浪场情况。

由波浪模型计算结果分析,该粉沙质海岸和坡度较陡的沙质海岸不同,单纯由波浪产生的沿岸流及其泥沙输送与潮流作用相比是比较小的,波浪主要起到掀沙作用,泥沙的输送主要由潮流及风吹流引起。

10.2.2 疏浚抛泥数学模型

采用疏浚土水抛泥沙输移扩散二维潮流、悬沙扩散数学模型,对黄骅港一期工程疏浚土水抛泥沙输移扩散过程进行了多组模拟计算。

计算范围西边界在 +3.5m 水深处,东边界在 -13.0m 水深附近,东西长45.75km,南北宽 27.53km。整个计算域的面积为 1259.5km^2。模型采用任意三角形法计算模式,四边水边界条件由渤海及渤海湾海区二维潮流数学模型提供。

模型计算结果给出了 -5.0m 和 -8.0m 水深距航道以北 1km、3km、4km 模拟抛泥区处的水质点运移轨迹、方向、距离,余流的大小,水质点净位移的距离和方向,疏浚弃土水抛泥沙后的泥沙随潮流运动扩散输移过程,以及引起悬浮泥沙的可能分布及影响范围。

通过模拟计算得到以下结论:

(1)6 个抛泥点的余流速度范围在 0.021 ~ 0.049m/s,净位移距离为 1849.6 ~ 4228.8m,方向为 ENE 和 ES 向。

(2)6 个抛泥点的涨潮时段悬沙输移扩散面积,均大于落潮时段的输移扩散影响水域面积。

10.3 物理模型

粉沙质海岸的泥沙运动是“波浪掀沙、潮流输沙”,利用物理模型手段对黄骅港航道减淤整治措施进行研究,应进行波浪、潮流共同作用下的泥沙运动模型试验。

在试验中,主要问题是模型沙的选取。粉沙质海岸泥沙运动既有悬移质,又有推移质,在模型沙的选取中应分别考虑。

为了研究黄骅港整治工程延伸后的流场变化,曾进行了大比尺的清水潮流物模试验,模型中除了考虑潮流外,还考虑东北向大风形成的岸边曾水和离岸流及沿堤流。

模型范围向外至 -14.0m 等深线,航道里程为 W42 +0,向内至岸线,东西61km,W13 +0 以南、以北各 12km。

模型比尺:$\lambda_h = 100$;$\lambda_l = 850$。在模型中,对防波堤的不同延伸方向,不同间距,不同长度,不同堤顶高程作了大量方案试验,提供了各种方案下的流场情况,为工程设计提供了可靠的数据。

10.4 遥感分析

黄骅港及其附近海域的悬沙浓度和分布特征与天气(风况)有很大关系,因此选取各种天气,尤其是大风天气下的遥感资料。所选资料为美国陆地卫星 LANDSAT-7ETM + 和 LANDSAT-5TM 遥感图像共计 28 幅,时间自 1999 年 1 月—2002 年 12 月。这些资料中气象和潮流条件分别包括了大风天、无风天、大中小潮及涨落潮情况。

利用美国 RSI 公司遥感图像分析软件 ENVI 对 LANDSAT-7ETM + 和 LANDSAT-5TM 卫星遥感图像进行图像处理和分析,分析过程包括大气校正、密度分割、滤波和悬沙浓度分析。得出以下结论:

(1)近岸风浪作用造成海域含沙量增大,波流共同作用使其扩散后落淤是引起黄骅港回淤的主要原因,尤其在北向、东北向、东向等比较强的风况作用时,港口附近海域含沙量就会明显增大。

(2)在某一风向下,当风速达到一定程度后,风时是影响海域含沙量大小的又一重要因素。

(3)南、北防波堤两侧的沿堤流挟带大量泥沙越过口门并影响到外航道 10km 范围,对黄骅港外航道的严重回淤有一定的作用。

(4)近岸浅滩泥沙在大风浪作用下,受沿岸流和涨、落潮流的影响扩散,使得近岸海域形成悬沙浓度较高的分布区域,此外,在南防波堤南侧套尔河口下泄的泥沙对此也产生一定影响。

11 黄骅港整治工程

黄骅港2002年建成第一期工程,并试营运,但航道工程水深始终未能达标,在大浪袭击下,外航道多次发生严重骤淤,并出现大范围疏浚土难挖段,使港口营运和建设面临困难,蒙受巨大经济损失。为了解决黄骅港一期建设中航道严重回淤问题,黄骅港建设指挥部组织了多家科研及设计单位开展了黄骅港泥沙淤积机理及整治方案研究,提出了多种意见,归纳为两种基本观点:一种观点认为黄骅港航道淤积主要是滩面泥沙在波浪、潮流共同作用下局部搬运所致,"波浪掀沙,潮流输沙"是黄骅港航道泥沙淤积的主要机理,沿堤流输沙对航道淤积有一定影响但不是主要因素,整治方案以延堤挡沙为最佳,防波堤堤头应伸出破波带和沿岸浑浊带;另一种观点认为黄骅港航道淤积主要是沿岸流遇防波堤形成沿堤流并携带近岸高含沙量水体向外输移所致,整治方案以治理沿堤流为主。后又经多次专家会议讨论,并在天科所大量的研究资料及现场实测资料的事实依据下,最终对第一种观点给予了肯定,并一致认为"整治与疏浚相结合"是治理黄骅港外航道淤积的正确原则,延伸防波堤是有效的整治措施。

随后根据黄骅港一期航道的设计要求和泥沙淤积研究结果,制定了黄骅港一期整治工程的整治标准:在相当于年最大骤淤重现期10年一遇的情况下,能保证3.5万吨级煤船不碍航满载乘潮出港,即航道通航水深-9.8m,经维护性疏浚后满足5万吨级煤船满载乘潮出港,航道通航水深-11.5m。

在既定一期整治标准的前提下,经研究并对各方案进行了综合比较后,形成了第一期整治工程方案:采用双堤延伸,从老堤头(水深-2.5m)向外海延伸10.5km(水深-6.0m),其中前8km段顶标高为+3.5m(出水堤),后2.5km段顶标高从+3.5m渐变至-1.0m(潜堤)。延堤工程的平面布置如图11-1所示,防波堤典型横断面如图11-2所示。

第一期整治工程从2004年5月开始至2005年9月竣工,为了掌握延堤工程的减淤效果,为后续工程决策提供科学依据,2005年8月—2007年6月对该工程的评价研究工作,工作大纲经专家组审定作为工作依据。研究主要以大量现场实测资料为依据,采用数据分析、理论研究、二维三维波浪潮流泥沙数值模拟等多种

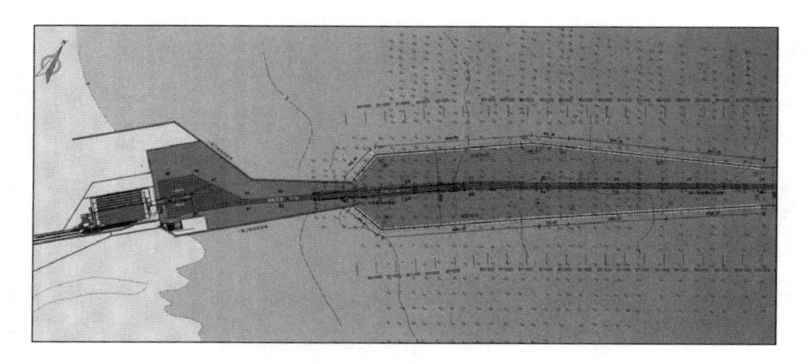

图 11-1　黄骅港延堤整治工程平面布置图

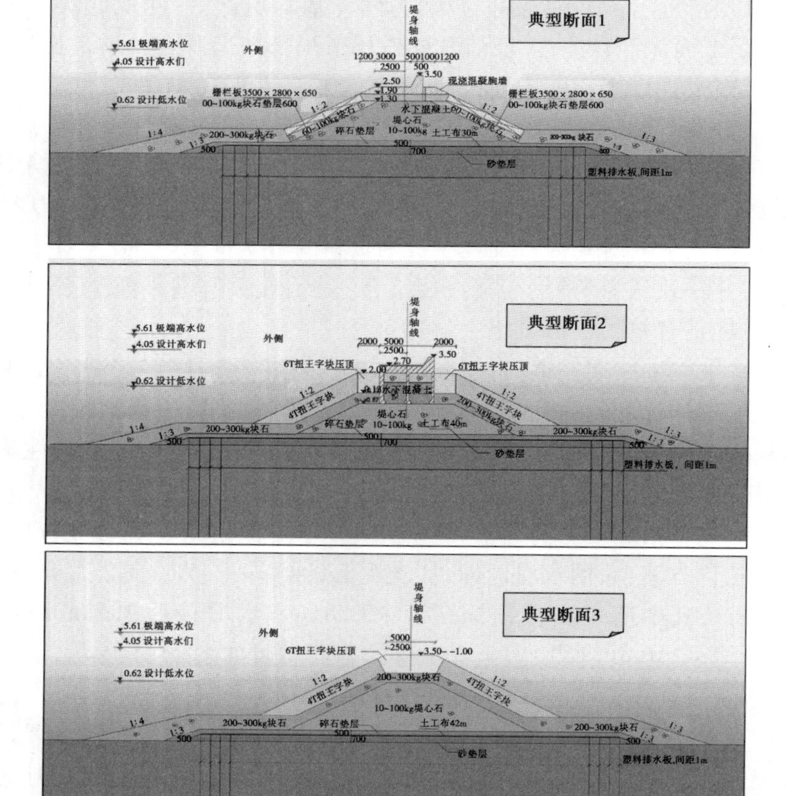

图 11-2　防波堤断面图

方法相结合，综合分析研究了神华黄骅港外航道整治疏浚后的减淤增深效果。

经研究认为，黄骅港外航道采用延堤减淤和疏浚增深的方法，取得了良好效果，外航道抗骤淤能力增强，减淤效果明显，淤积土的可挖性有了根本性的改善，疏浚效率大为提高，航道水深逐步稳定提高，达到了预期的整治目标。

12 黄骅港整治工程效果

12.1 减淤效果

自黄骅港整治工程开工(2004年5月至2006年6月)黄骅港海区6级以上大风过程共发生了48次,施工过程中造成明显淤积的大风有7次,工程结束后造成明显淤积的有6次,为分析黄骅港防波堤延伸后的减淤效果,对这13次实测大风淤积与工程前同水平的大风淤积进行了对比分析,并对工程后及工程前曾出现过的典型大风过程进行了工程前后淤积的数值模拟分析。

12.1.1 历次大风实测淤积情况

(1)第一次(2004年9月6日)

大风风况:NE向,属一般大风,重现期为每年一遇。

实测淤积 Q_1 :W0+000~W21+000段淤积量为36.2万 m^3。

掩护段内外实测淤积如下:

	W0+000~W10+500	W10+500~W21+000
淤积量(万 m^3)	16.6	19.6
平均淤强(m)	0.09	0.15

(2)第二次(2004年9月14-15日)

大风风况:NNE向,属一般大风,重现期为每年一遇。

实测淤积 Q_1 :W0+000~W21+000段淤积量为50.3万 m^3。

掩护段内外实测淤积如下:

	W0+000~W10+500	W10+500~W21+000
淤积量(万 m^3)	33.5	16.8
平均淤强(m)	0.23	0.12

(3)第三次(2004年10月25日)

大风风况:E~ENE向,属一般大风,重现期为每年一遇。

实测淤积 Q_1 :W0+000~W26+000段淤积量为103万 m^3。

掩护段内外实测淤积如下：

	W0 +000 ~ W10 +500	W10 +500 ~ W26 +000
淤积量（万 m^3）	37.8	65.2
平均淤强（m）	0.25	0.31

（4）第四次（2004 年 11 月 24—25 日）

大风风况：NE ~ ENE 向，本次大风作用时间不长，但短时阵风较强，从气象站资料反映，重现期为 1 ~ 2 年，本次大风和历年大风过程相比处于中等强度水平。但从渤海及渤海海峡 24—25 日天气图反映出，由于气旋过境而造成的风场外移，使外海波浪影响到黄骅港海区，单纯应用气象站资料不足以描述 24—25 日期间黄骅港海区的风浪过程。因此由波况分析，重现期为 4 年。

实测淤积 Q_1：W0 +000 ~ W24 +000 段淤积量为 161 万 m^3。

掩护段内外实测淤积如下：

	W0 +000 ~ W10 +500	W10 +500 ~ W24 +000
淤积量（万 m^3）	40.3	120.7
平均淤强（m）	0.30	0.64

（5）第五次（2004 年 12 月 22 日）

大风风况：NE ~ ENE 向，属一般大风，重现期为每年一遇。

实测淤积 Q_1：W0 +000 ~ W24 +000 段淤积量为 62.5 万 m^3。

掩护段内外实测淤积如下：

	W0 +000 ~ W10 +500	W10 +500 ~ W24 +000
淤积量（万 m^3）	7.3	55.2
平均淤强（m）	0.06	0.29

（6）第六次（2005 年 3 月 10—12 日）

大风风况：ENE 向，大风过程强度不大，作用历时较长，从大风能量来看略小于 2004 年 10 月 25 日大风，应属于 1 年一遇的大风过程。

实测淤积 Q_1：W0 +000 ~ W23 +000 段淤积量为 47.5 万 m^3。

掩护段内外实测淤积如下：

	W0 +000 ~ W10 +500	W10 +500 ~ W23 +000
淤积量（万 m^3）	6.8	40.8
平均淤强（m）	0.04	0.23

(7)第七次(2005年8月8—9日)

大风风况:“麦莎”台风过境,风向N~NE向,本次大风略强于多年平均水平,依黄骅港及新村站资料,计算的风能可知大风强度一般,属1~2年一遇。

实测淤积Q_1:W0+000~W28+000段淤积量为93.1万m^3。

掩护段内外实测淤积如下:

	W0+000~W10+500	W10+500~W28+000
淤积量(万m^3)	41.1	52.0
平均淤强(m)	0.29	0.20

(8)第八次(2005年9月20日)

大风风况:风向ENE向,6级风持续14小时,从风能来看属于1~2年一遇,但较大波浪(1.0m以上)持续34小时。

实测淤积Q_1:W0+000~W28+000段淤积量为128万m^3。

掩护段内外实测淤积如下:

	W0+000~W10+500	W10+500~W28+000
淤积量(万m^3)	40.5	87.6
平均淤强(m)	0.29	0.35

(9)第九次(2005年10月21日)

大风风况:风向ENE向,6~7级风持续11小时,从风能来看属于1~2年一遇,但较大波浪(1.0m以上)持续32小时。

实测淤积Q_1:W0+000~W31+000段淤积量为116.7万m^3。

掩护段内外实测淤积如下:

	W0+000~W10+500	W10+500~W31+000
淤积量(万m^3)	14.9	101.8
平均淤强(m)	0.12	0.35

(10)第十次(2006年3月11—12日)

大风风况:风向ENE向转N向,3月11日ENE向6级风持续6小时,但较大波浪(1.0m以上)持续18小时;3月12日N向6级风持续14小时,较大波浪(1.0m以上)持续17小时以上。从风能来看属于1~2年一遇。

实测淤积Q_1:W0+000~W32+000段淤积量为85万m^3。

掩护段内外实测淤积如下:

	W0 +000 ~ W10 +500	W10 +500 ~ W32 +000
淤积量(万 m^3)	24.7	60.4
平均淤强(m)	0.18	0.19

(11)第十一次(2006 年 11 月 21 日)

大风风况:2006 年 11 月 22—23 日大风风向为 ENE 向风,风能属 1 ~2 年一遇,略强于 2005 年 8 月台风“麦莎”过境时的大风能量。从风能来看属于 1 ~2 年一遇。

实测淤积 Q_1 :W0 +000 ~ W20 +000 段淤积量为 131 万 m^3。

掩护段内外实测淤积如下:

	W0 +000 ~ W10 +500	W10 +500 ~ W20 +000
淤积量(万 m^3)	44.5	86.5
平均淤强(m)	0.26	0.62

(12)第十二次(2007 年 3 月 3—4 日)

大风风况:风向为 ENE 转 N 向,其中 ENE ~ NE 向 15 小时,NNE ~ N 向 37 小时,以北向风为主。18 小时 6 级风,18 小时 7 级风,15 小时 8 级风,1 小时 9 级风,总历时 52 小时。大风有效风能重现期为 5 ~6 年。

实测淤积 Q_1 :N1 +000 ~ W30 +000 段淤积量为 191 万 m^3。

掩护段内外实测淤积如下:

	N1 +000 ~ W10 +500	W10 +500 ~ W30 +000
淤积量(万 m^3)	74.6	116.4
平均淤强(m)	0.37	0.36

(13)第十三次(2007 年 5 月 8—9 日)

大风风况:E 到 ENE,以 ENE 向为主,自 2007 年 5 月 8 日 8:00 起至 5 月 9 日 3:00 止。其中 6 级风作用 17 小时,7 级风作用 2 小时,8 级风作用 1 小时,共计 20 个小时。大风有效风能重现期为 3 年一遇。

实测淤积 Q_1 :W0 +000 ~ W30 +000 段淤积量为 159 万 m^3。

掩护段内外实测淤积如下:

	W0 +000 ~ W10 +500	W10 +500 ~ W30 +000
淤积量(万 m^3)	55.6	103.4
平均淤强(m)	0.39	0.40

12.1.2 工程后实测大风淤积分布特点

(1)大风淤积量的变化情况

整治工程实施后的 13 次大风淤积和整治工程前同等风浪条件下的大风淤积

相比,外航道淤积量均有一定程度的下降,掩护段内淤积量降低明显,原有强淤积段消失。

(2)掩护段内淤积的变化情况

W0+000~W10+500段内减淤量淤积量大幅下降,从图12.1-1可见随着工程建设的进展,该段淤积迅速减小,到整治工程结束原有的强淤段已经消失。

掩护段内的减淤率逐渐在提高,对于一般大风而言,W10+500以内的减淤率应在80%以上,减淤效果十分可观。如遇重现期较高的大风淤积,减淤率会有下降。

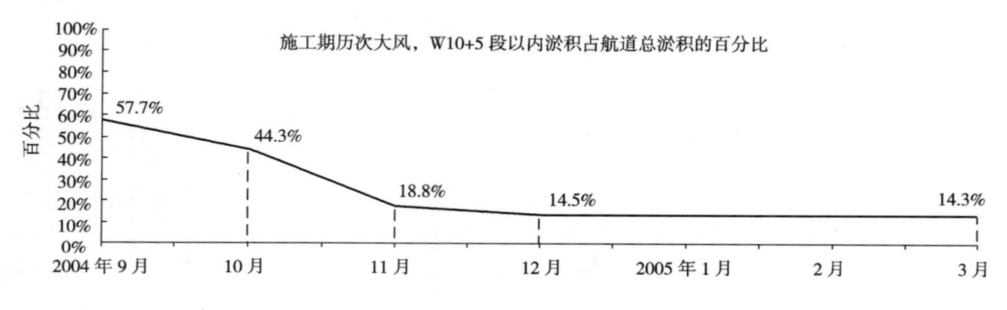

图12.1-1 W10+5以内淤积量占航道总淤积的变化趋势

(3)新口门附近段淤积情况

新口外2.5km范围内(W10+500~W13+000段)淤积和整治工程前的老口门外2.5km段相比淤积量有一定的减少,但是和整治前同一位置(即W10+500~W13+000段)相比淤积量有一定程度的增加。整治后航道开挖深度和长度的加大、两滩上泥沙运移的影响、以及离岸流和沿堤流变化均对口门附近的淤积有影响。

(4)口外开敞航道段的淤积情况

W13+000以外淤积量有所增加,原因初步分析有三:①整治工程延堤至W10+500,掩护不到外侧广泛的开敞航道;②落潮及归槽水流加强,使进入航道的泥沙数量增加;③整治工程后航道开挖水深及开挖长度增加,打破了原有地形,航槽更加明显,也是导致外侧航道内淤积量增加的一个原因。除上述三个原因之外,抛泥区泥沙的扩散也应给与足够的重视。

(5)工程结束后一般大风淤积的淤强分布

图12.1-2为利用整治工程前、后一般大风的实测淤积分布整理得到的整治工程前、后一般大风淤积淤强分布的对比。

从图12.1-2中可以看出,淤积相对较高区段位于W8+500~W19+500,原有

的 W4 +000 到 W6 +000 段的强淤段消失，最大淤强也有大幅度的下降，下降约53%，淤积重心和整治工程前相比已经外移，这对降低疏浚费用，提高维护效率起到了积极的作用。

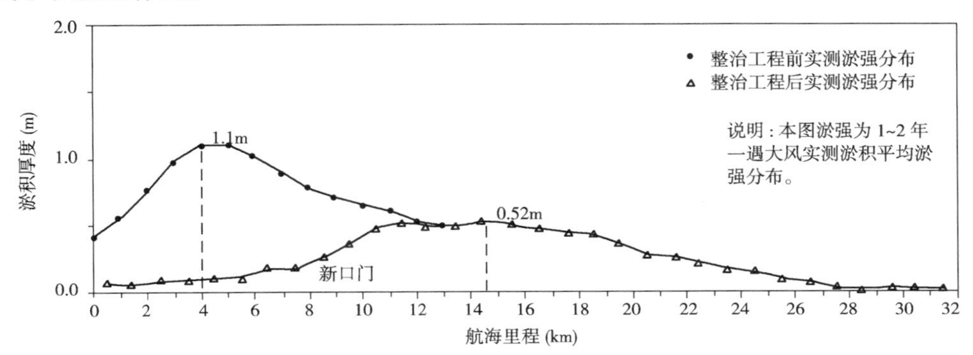

图 12.1-2 整治工程竣工后大风淤积淤强分布

12.1.3 工程前、后实测大风淤积对比

减淤率的确定应依据工程后实测的大风的淤积资料，寻找整治工程前已经掌握的同等风浪条件下的实测大风淤积，两者比较而得。但是实际操作中很难找到工程前后完全相同两次风浪过程的淤积，即便有近似者，所得之减淤率的变幅也较大，因此，可根据已经掌握的实测大风淤积，按同一重现期下的大风淤积统一归类后，在对整治工程前后的淤积一一对比分析减淤率，经分析得表 12.1-1。

从表 12.1-1 可见：

实测大风淤积减淤效果表(1 ~2 年一遇)　　表 12.1-1

整治工程施工中(潜堤)								
工程后日期	工程前日期	掩护段减淤率			W10.5 ~ W13 段减淤率(%)			全段减淤率(%)
		W0 ~ W8	W8 ~ W10.5	W0 ~ W10.5	工程前(万 m^3)	工程后(万 m^3)	净增减(万 m^3)	
2004.08.06	02.09.02	34.5%	54.4%	38.3%	12.2	5.75	6.45	40.4%
	02.09.19	15.6%	45.8%	21.7%	10.4	5.75	4.65	25.3%
	03.09.17	35.6%	49.7%	38.0%	18.5	5.75	12.75	44.4%
2004.09.06	02.09.02	88.4%	28.0%	76.9%	12.2	10.11	2.09	68.2%
	02.09.19	85.1%	14.4%	70.7%	10.4	10.11	0.29	60.1%
	03.09.17	88.6%	20.6%	76.8%	18.5	10.11	8.39	70.3%

续上表

整治工程施工中(潜堤)								
工程后日期	工程前日期	掩护段减淤率			W10.5 ~ W13 段减淤率(%)			全段减淤率(%)
		W0 ~ W8	W8 ~ W10.5	W0 ~ W10.5	工程前(万 m^3)	工程后(万 m^3)	净增减(万 m^3)	
2004.09.14	02.09.02	63.8%	9.3%	53.3%	12.2	6.95	5.25	51.8%
	02.09.19	53.3%	(7.8%)	40.8%	10.4	6.95	3.45	39.6%
	03.09.17	64.4%	(0.1%)	53.1%	18.5	6.95	11.55	55.0%
2004.10.25	02.09.02	46.9%	49.3%	47.4%	12.2	9.8	2.4	43.3%
	02.09.19	31.6%	39.7%	33.2%	10.4	9.8	0.6	29.0%
	03.09.17	47.8%	44.0%	47.1%	18.5	9.8	8.7	47.1%
2004.11.24	02.09.02	60.3%	(25.2%)	43.9%	12.2	28.48	(16.28)	18.1%
	02.09.19	48.9%	(49.0%)	28.8%	10.4	28.48	(18.08)	(2.6%)
	03.09.17	61.0%	(38.2%)	43.6%	18.5	28.48	(9.98)	23.6%
2004.12.22	02.09.02	95.9%	64.3%	89.8%	12.2	10.91	1.29	78.3%
	02.09.19	97.9%	57.5%	87.1%	10.4	10.91	(0.51)	72.8%
	03.09.17	98.3%	60.6%	89.8%	18.5	10.91	7.59	79.7%
(潜堤)平均减淤		67.7%	33.2%	61.0%	13.9	10.3	3.5	52.1%
整治工程竣工之后								
2005.03.10	02.09.02	95.7%	69.0%	90.5%	12.2	6.54	5.66	84.2%
	02.09.19	94.5%	63.1%	88.0%	10.4	6.54	3.86	80.2%
	03.09.17	95.8%	65.8%	90.5%	18.5	6.54	11.96	85.2%
2005.09.20	02.03.01	78.3%	21.0%	65.4%	16.9	21.5	(4.58)	53.7%
2005.10.21	02.09.02	86.3%	49.7%	79.3%	12.2	18.9	(6.69)	59.8%
	02.09.19	82.3%	40.2%	73.7%	10.4	18.9	(8.49)	49.6%
	03.09.17	86.5%	44.5%	79.2%	18.5	18.9	(0.39)	62.5%
2006.03.11	02.09.02	76.8%	19.0%	65.7%	12.2	10.8	1.44	57.9%
	02.09.19	70.1%	3.6%	56.5%	10.4	10.8	(0.36)	47.2%
	03.09.17	77.2%	10.6%	65.5%	18.5	10.8	7.74	60.7%
工程前后平均减淤		79.6%	26.9%	69.3%	14.16	15.78	(1.62)	55.9%

说明:括号内为增加值。

(1)施工过程中大风淤积与施工前对比结果为:W0+000~W8+000段减淤率67.7%,W8+000~W10+500段减淤率33.2%,W0+000~W10+500减淤率61.0%;口外2.5km范围内淤积量略减;W0+000~W13+000段减淤率52.1%。整治工程施工过程之中发生7次大风,风能重现期均为1~2年。在此期间的工程情况是2004年9月W0+000到W10+500段全程堤顶高程达到±0m,随后为防波堤加高阶段,至2005年9月竣工,该阶段大风淤积均发生于防波堤未出水的时,因此,可以反映潜堤状态下的减淤情况。

(2)整治工程2005年9月竣工之后:W0+000~W8+000段减淤率79.6%,W8+000~W10+500段减淤率26.9%,W0+000~W10+500减淤率69.3%;口外2.5km范围内淤积量略有增加。可见,工程全部竣工之后掩护段的减淤率又增加了近10%,已达70%左右。

(3)从W8+000到W10+500的潜堤段来看,整治工程结束后比防波堤出水前的减淤率要低6.3%,并且口外部分开敞航道段的淤积不减反增,可见,由于防波堤的延长和出水,使口门段附近的淤积有所增加。但就全段的减淤效果来讲仍是防波堤出水后的效果为最佳,更重要的是防波堤的出水,使得原有的强淤积段消失,即便外侧仍有相对较高的淤积段,相比原有强淤段,淤强也有大幅度的下降,对一般大风而言下降约53%,(图12.1-2),这对提高航道遭遇大风淤积后的通航水深有着决定性的作用。

对于非一般大风过程,如2007年3月3—4日大风淤积,6级风18小时,7级风18小时,8级风15小时,9级风1小时,总历时52小时。有效风能重现期为5~6年。从实测的淤积来看,本次大风造成黄骅港航道淤积191万m^3。按掩护段内、外同宽度航道计算,掩护段内淤积占总量的36%,掩护段外淤积占总量的64%。最大淤积厚度为0.95m。虽没有工程前同等风况下的实测淤积可进行比较,但大风后未影响通航,生产不受任何影响,亦足以证明整治工程对非一般大风的防沙减淤效果亦非常显著。

12.1.4 工程前、后大风淤积数值模拟

表12.1-2列出了整治工程实施以来7次大风过程的计算回淤量和如果未建整治工程时的回淤量计算结果的比较情况。

从数学模型计算结果来看,掩护区内计算减淤率均超过80%。整治工程减淤效果十分明显。另一方面整治工程实施后沿堤向外水流增强,与整治工程实施前相比,掩护区外航道淤积有所增加,从计算结果看最大增加量为31万m^3,但相对于减淤量而言增加量较小。

工程实施后7次大风过程外航道淤积量计算结果　　表 12.1-2

大风日期	淤积 / 整治状态	外航道淤积量(万 m^3)	掩护区(W0 +0 ~ W10 +5)淤积量(万 m^3)	非掩护区(W10 +5 ~ W32 +0)淤积量(万 m^3)	外航道减少淤积量(万 m^3)	掩护区减淤率(%)	外航道减淤率(%)
2004 11.24	工程前	352	239	113			
	工程后	191	47	144	161	80.3	45.7
2004 12.22	工程前	249	161	88			
	工程后	98	27	71	151	87.0	60.6
2005 3.10	工程前	124	80	44			
	工程后	71	16	55	53	80.0	42.7
2008 8.8	工程前	142	113	29			
	工程后	73	16	57	69	85.8	48.6
2005 9.20	工程前	143	82	61			
	工程后	80	15	65	63	81.7	44.1
2005 10.21	工程前	198	118	80			
	工程后	130	24	106	68	79.7	34.3
2006 3.10	工程前	114	70	44			
	工程后	67	9	58	47	87.1	41.2

12.1.5　减淤原因

历次大风天的淤积分布表明大风淤积的强淤位置均发生在破波带以内。25 年一遇的大风浪破波位置最外到 W13 +000 附近(表 12.1-3),10 年一遇的最外到 W8 +000 附近,而上述的历次大风及其风浪过程均属一般过程,破波必然发生于 W8 +000 以内,新堤已经延伸出破波线以外,掩护了航道原有强淤积段,所以降低了外航道的淤积总量。

建堤前不同重现期大风的破波线位置　　表 12.1-3

重现期	波　向	平均高潮位(3.58m)	中潮位(2.43m)	平均低潮位(1.28m)
25 年	NE-ENE	-3.9m (W3 +0 附近)	-5.2m (W7 +0 ~ W8 +0)	-6.5m (W13 +0 附近)
15 年	NE - ENE	-3.1m (口门附近)	-4.3m (W5 +0 ~ W6 +0)	-5.6m (W9 +0 附近)
10 年	NE - ENE	-2.7m (口门附近)	-4.0m (W4 +0 附近)	-5.2m (W7 +0 ~ W8 +0)

但减淤效果与重现期有关,以往的研究结果表明随风浪的加大外航道的强淤位置会相应的外移,且向外很长的一段都有比较高的淤积,所以风浪过程的重现期越大,减淤效果可能越小。

12.1.6 整治工程减淤效果总结

(1)施工过程中发生了7次较明显的大风淤积过程,工程状况属潜堤阶段,从减淤效果看,W0+000~W8+000段减淤率67.7%,W8+000~W10+500段减淤率33.2%,W0+000~W10+500减淤率61.0%;口外2.5km范围内淤积量略减;W0+000~W13+000段减淤率52.1%。

(2)整治工程竣工后:W0+000~W8+000段减淤率79.6%,W8+000~W10+500段减淤率26.9%,W0+000~W10+500减淤率69.3%;口外2.5km范围内淤积量略有增加;W0+000~W13+000段减淤率55.9%。可见掩护段的减淤率已达70%左右,与工程前预测结果(一般大风减淤率73%)基本一致。

(3)新口门附近的淤积量和整治工程前的老口门附近相比有一定的减少,但和防波堤延伸至此前相比淤积量有一定程度的增加,原因初步分析为:整治工程延堤至W10+500,大风天防波堤外侧水流有所加强、归槽水流加强,使进入航道的泥沙数量增加;整治工程后航道开挖水深及开挖长度增加,打破了原有地形,航槽更加明显,也是导致的外侧航道内淤积量增加的一个原因。除上述原因之外,对抛泥区泥沙的扩散也应给予足够的重视。

12.2 回淤土可挖性及淤积重心变化

12.2.1 问题的提出

黄骅港延堤以前,大风天外航道不仅回淤量剧增,水深锐减,严重碍航,而且回淤土十分难挖,疏浚效率较低,严重影响了外航道的顺利开挖及迅速复航。如2000年冬大风骤淤后,由于淤积严重及淤积段的回淤土极难开挖,不得不将航道南偏4.5°,躲开难挖段,另辟新航道,又如2003年10月11—13日特大风浪的骤淤,严重的淤积和难挖的回淤土,使黄骅港遭受了惨痛的损失,因此回淤土可挖性的改善情况,也是评价整治工程效果的重要内容之一。

12.2.2 回淤土难挖段的特点

决定回淤土可挖性的主要因素是疏浚土的密实程度,对与密实程度的评判指标复杂而多样,如何选择合适的指标来评判整治工程后黄骅港外航道疏浚土的改善情况,首先要了解黄骅港外航道回淤土难挖段的特点。

回淤土难挖段主要有以下几个特点:

(1)可挖性最差段位置一般发生于破波带以内,范围与历次大风的强淤段基本一致。

(2)泥沙粒径较粗。图 12.2-1 所示为整治工程前多次大风后航道内取样的平均中值粒径分布图,可见内航道颗粒较细,外航道泥沙颗粒的纵向分布上内粗外细,中值粒径范围在 0.0368 ~ 0.0108mm,平均中值粒径 0.0196mm。

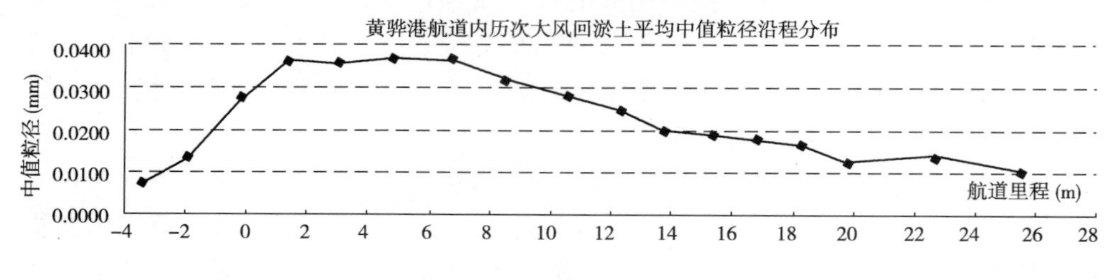

图 12.2-1　整治前黄骅港历次大风航道内回淤土平均中值粒径沿程分布

(3)粒径级配较好,压缩性小。

回淤土的压缩性与颗粒级配有关,评判粒径级配有两个重要的指标,不均匀系数(C_u)和曲率系数(C_c)。

表 12.2-1 所示为 2004 年 3 月外航道内特征粒径情况。从表中的数据可得 W21 +000 以内土粒不均匀系数平均为 4.9,曲率系数平均为 1.44,中值粒径在 0.028 ~ 0.034mm 之间,可见级配较为均匀,因而该段回淤土压缩性小,可有较高的密实度。W21 +000 以外粉土逐渐减少至没有,表层大部分为淤泥,土质特性为高塑性,疏浚较为容易。

(4)难挖段长,标贯击数大,密实度大,粘土含量小。

2004 年 3 月外航道内原状表层样特征粒径分布表　　表 12.2-1

位置	d_{50}	d_{10}	d_{60}	C_u	C_c	岩土名称及其特征
W0 +000	0.031	0.011	0.037	3.28	1.09	粉土,灰褐色,含云母稍密状
W3 +000	0.033	0.008	0.039	4.61	1.33	粉土,灰褐色,土质均匀稍密 ~ 中密状
W7 +000	0.028	0.006	0.033	5.81	1.74	粉土,灰褐色,含云母,土质均匀,稍密 ~ 中密状
W11 +000	0.031	0.008	0.037	4.67	1.33	粉土,灰褐色,含云母和多量砂粒,稍密 ~ 中密状
W15 +000	0.028	0.005	0.033	6.68	1.94	粉土,灰褐色,土质均匀稍密 ~ 中密状
W21 +000	0.034	0.009	0.040	4.32	1.20	粉土,灰褐色,土质均匀稍密状
W27 +000	0.024	0.002	0.029	12.01	3.04	粉土,灰褐色,含云母和多量砂粒,稍密 ~ 中密状

续上表

位置	d_{50}	d_{10}	d_{60}	C_u	C_c	岩土名称及其特征
W33 +000	0.007	—	0.010	—	—	淤泥,流塑状,高塑性,土质均匀
W39 +000	0.006	—	0.009	—	—	淤泥,流塑状,高塑性,土质均匀

说明:①表中粒径单位为mm;第2、3、4、5、6列依次为:中值粒径、有效粒径、限制粒径、不均匀系数、曲率系数。

②依交通部颁发的《疏浚岩土分类标准》,粉土分为粘质粉土和砂质粉土,其中:

粘质粉土,$d > 0.075$mm颗粒小于总量的50%,塑性指数 $I_p \leqslant 10$,粘粒含量($d < 0.005$mm)M_c,$10\% \leqslant M_c < 15\%$。

砂质粉土,$d > 0.075$mm颗粒小于总量的50%,塑性指数 $I_p \leqslant 10$,粘粒含量($d < 0.005$mm)M_c,$3\% \leqslant M_c < 10\%$。

难挖土是指外航道内由回淤及疏浚等综合因素而形成的粉土层(土层分类见表12.2-1说明),该层在航道内半段分布连续,且厚度大,航道外半段厚度逐渐减小。

该层的各项指标分别如下:

①粉土层厚度

黄骅港外航道2004年3月的地质剖面示意图及粉土层分布图见图12.2-2。

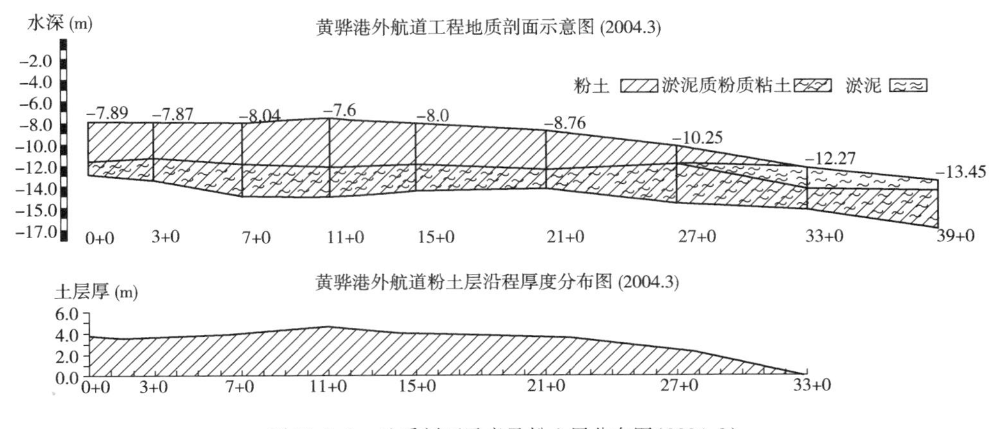

图12.2-2 地质剖面示意及粉土层分布图(2004.3)

图中显示,粉土层分布于W0 +000 ~ W27 +000段,分布连续,厚度为2.50 ~ 4.60m,平均厚度3.7m,W11 +000附近最厚(4.60m),该层的底高程为-11.47 ~ -12.75m,平均底高程为 -11.9m;W27 +000以外没有粉土层,表层为淤泥,底高程为 -14.27 ~ -14.45m,厚度1.0 ~2.0m;淤泥质粉质粘土层分布于粉土层和淤泥层的下部,分布连续。

可见粉土层分布范围广且厚,粉土层的最小底高程为 -11.47m,既说明 W27 + 000 以内航道段浚深至 -11.47m 以前均较难疏浚,但该层的形成机理复杂并与大风回淤及疏浚施工有关。

②标贯击数

2004 年 3 月黄骅港外航道内贯入试验得粉土层标贯击数:最大标贯击数 28 击,位于 W11 +000 附近,最小标贯击数 5 击,位于 W21 +000 附近,平均标贯击数 13.8 击。按《疏浚岩土分类标准》规定疏浚级别为 9 级,较难疏浚。W11 +000 附近粉土层最厚,且平均标贯际数最高。

③密实度

评判土的密实度指标很多,主要分两类:无粘性土和粘性土。对于无粘性土,工程上一般用相对密实度(D_r)来衡量无粘性土的松紧程度,其定义为

$$D_r = \frac{e_{\max} - e_0}{e_{\max} - e_{\min}}$$

式中:e_0、$e_{\max}$ 、$e_{\min}$ 分别为无粘性土的天然孔隙比、最大孔隙比和最小孔隙比。相对密实度的实用表达式为

$$D_r = \frac{(\rho_d - \rho_{d\min})\rho_{d\max}}{(\rho_{d\max} - \rho_{d\min})\rho_d}$$

式中:ρ_d 、$\rho_{d\max}$ 、$\rho_{d\min}$ 分别为无粘性土的天然干密度、最大干密度和最小干密度。在工程上无粘性土的密实度区分为:$0 < D_r \leqslant 1/3$ 疏松的;$1/3 < D_r \leqslant 2/3$ 中密的;$2/3 < D_r \leqslant 1$ 密实的。对于粘性土的状态可用液性指数来判别,其定义为

$$I_L = \frac{\omega - \omega_p}{\omega_L - \omega_P} = \frac{\omega - \omega_p}{I_p}$$

式中:ω 、ω_p 、ω_L 、I_p 分别为天然含水率、塑限、液限和塑性指数。

在工程上粘性土的状态可区分为:当 $\omega \leqslant \omega_p$ 时,$I_L \leqslant 0$ 土处于坚硬状态;当 $\omega_p < \omega \leqslant \omega_L$ 时,$0 < I_L \leqslant 1.0$ 土处于可塑状态;当 $\omega_L < \omega$ 时,$I_L > 1.0$ 土处于流动状态。

黄骅港外航道的回淤土属于粘性土范畴,因此可以用液性指数判别土的状态。表 12.2-2 所列为 2004 年 3 月黄骅港外航道表层土样的各项指标。

可见 W11 +000 和 W15 +000 附近回淤土密实性最高,这与 2003 年 10 月 11—13 日大风的强淤段对应;W33 +000 到 W39 +000 段属自然地形,其本底土未受疏浚的扰动影响;W27 +000 以内的其他各段均属于可塑状态,从指标来评判密实性较高。

2004 年 3 月黄骅港外航道表层土样塑性指数、液性指数 表 12.2-2

项目	W0 +0	W3 +0	W7 +0	W11 +0	W15 +0	W21 +0	W27 +0	W33 +0	W39 +0	平均
ω	28.0%	26.5%	25.9%	23.3%	24.6%	23.5%	24.5%	67.1%	55.4%	33.4%
ω_L	29.7%	29.8%	31.1%	31.1%	31.0%	29.9%	36.7%	40.2%	43.3%	33.6%
ω_p	22.4%	24.5%	24.0%	23.5%	24.9%	22.4%	20.2%	21.2%	21.7%	22.7%
I_p	7.3	5.3	7.1	7.6	6.1	7.5	6.3	20.8	21.6	10.9
I_L	0.77	0.38	0.27	<0	<0	0.15	0.22	2.21	1.56	0.98
土的状态	可塑	可塑	可塑	坚硬	坚硬	可塑	可塑	流动	流动	—
备注	原状	原状	原状	原状	原状	原状	扰动	扰动	扰动	—

④细颗粒含量

黄骅港外航道难挖土是粉土，是回淤土的细颗粒被带走，粗颗粒沉降所造成。回淤土中细颗粒和粗颗粒的比例会影响疏浚土的可挖性，为便于和整治工程后进行比较，表 12.2-3 所列为 2004 年 3 月黄骅港外航道沿程的颗粒组成情况。

2004 年 3 月黄骅港外航道沿程的颗粒组成 表 12.2-3

位　置	粉粒（%）			粘粒（%）	
	0.075 ~ 0.05mm	0.05 ~ 0.01mm	0.01 ~ 0.005mm	0.005 ~ 0.002mm	<0.002mm
W0 +0	18.4	72.8	5.1	1.9	1.8
W3 +0	24.7	63.9	5.5	4.0	1.9
W7 +0	10.9	73.7	6.5	4.4	4.5
W11 +0	21.4	66.3	5.8	3.6	2.9
W15 +0	12.0	71.6	6.3	5.2	4.9
W21 +0	16.5	71.2	5.7	4.3	2.3
W27 +0	5.0	73.3	7.0	5.4	9.3
W33 +0	9.8	28.4	22.5	12.7	26.6
W39 +0	8.9	28.6	20.3	16.9	25.3

（5）回淤土密实快，密实后湿容重大。回淤初期密度较小，大致在 1.45g/cm^3 左右，2 ~ 3 天后即可达到 1.78g/cm^3 以上。

为了研究其沉积和密实的规律和特性，曾于 2002 年 11 月—2003 年 3 月期间开展了沉积密实试验。试验表明：1 天后的密实容重可达 1.7g/cm^3 以上，2 天后即可达到 1.78g/cm^3 以上,5 天后可达 1.80 g/cm^3 以上。

另从 2003 年 10 月大风后现场的实测结果反映,航道内回淤物的平均湿容重为 1.99g/cm^3。可见航道底质的沉积和密实速度很快。

(6)难挖段泥浆进舱浓度偏低。

疏浚船舶的泥浆进舱浓度(简称"进舱浓度")直接反映着航道内疏浚土质可挖性的好坏,进舱浓度公式为:

$$进舱浓度 = \frac{\gamma_{泥浆} - \gamma_{水}}{\gamma_{原状} - \gamma_{水}} \times 100\%$$

式中:$\gamma_{泥浆}$ 为进舱泥浆的密度;$\gamma_{水}$ 为海水的密度;$\gamma_{原状}$ 为航道内原状土的密度。进舱浓度是指进舱的原状土占泥浆的体积比率。

经统计 2002 年无风期黄骅港外航道的疏浚船舶的泥浆进舱浓度最小 9%(位于 W4 +000 ~ W8 +000 段)最大 18%,平均进舱浓度为 14.7%;2003 年 10 月 11—13 日大风后(2004 年 3 月)疏浚船进舱浓度在 12.68% ~16.52% 之间,平均进舱浓度 14.2%,按疏浚施工经验该浓度偏低。

12.2.3 整治工程实施后外航道底质及疏浚挖泥情况

12.2.3.1 整治工程实施后外航道底质的各项指标

(1)D_{50}的分布

图 12.2-3 为整治工程前、后航道内 D_{50}的分布比较图。

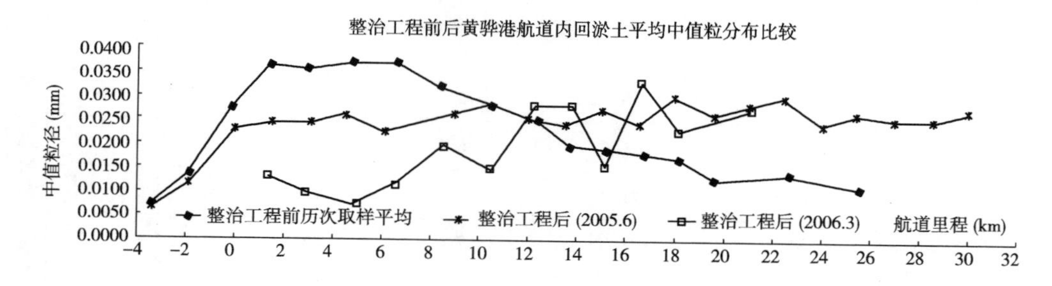

图 12.2-3 整治工程前、后航道内 D_{50}分布比较图

从图 12.2-3 可知,2005 年 6 月的 D_{50}分布和整治工程前相比不同区段共呈现了三种变化,①W10 +000 以内 D_{50}下降,该段泥沙细化;②W10 +000 ~ W12 +000 段基本不变;③从 W12 +000 向外 D_{50}上升。至 2006 年 3 月掩护段以内回淤土的 D_{50}进一步下降,掩护段以外基本上维持在 2005 年 6 月的水平上。

从整治后期 D_{50} 的沿程分布来看,外航道分布较为均匀,平均中值粒径

0.0257mm,最大中值粒径0.030mm。整治工程结束之后D_{50}的分布特征则已经完全不同于整治工程之前,总体趋势是内小外大,有掩护段的航道内D_{50}明显减小,W10+500以内D_{50}平均为0.0127mm。

W10+000以内细化,因为新防沙堤发挥了挡沙作用,使进入航道的粗颗粒泥沙减少所至;W10+000~W12+000段D_{50}值和老口门处基本一致,只是和老口门相比该D_{50}值从新口门外推了1.5km左右。

新口门外的开敞航道段泥沙从曲线对比来看似乎粗化,但不能就此而判别外航道有粗化的趋势。因为,航道的浚深及开挖段的外延,使航道内本底土质受到了扰动,又在水力筛选的作用下,细颗粒被带走,粗颗粒沉积下来,从而导致D_{50}变大。但也仍有其他可能因素的影响,如滩面泥沙粗化和抛泥区的泥沙扩散问题等,仍需时日观测。

(2)航道底质的粒径级配及压缩性

表12.2-4所示为2005年6月航道内土样的特征粒径、不均匀系数和曲率系数。

2005年6月航道内土样特征粒径 表12.2-4

位　置	2005年6月					2004年3月	
	d_{50}	d_{10}	d_{60}	C_u	C_c	C_u	C_c
W0+000~W21+000	0.025	0.007	0.030	4.68	1.51	4.90	1.44
W24+000	0.024	0.003	0.029	8.95	2.48	粉土层逐渐消失表层大部分为淤泥	
W27+000	0.025	0.005	0.029	6.18	1.78		
W30+000	0.027	0.005	0.032	6.69	2.11		

从表中可知W21+000以内土粒不均匀系数平均为4.68,曲率系数平均为1.51。与2004年3月分析结果相比不均匀系数平均减小了0.22,曲率系数增加了0.06,反映了细颗粒含量增加,但密实性变化甚微,总体来讲仍属级配较好可压缩性小的土质,然考察该段航道的平均水深为-10.28m,仍高于2004年所考察的粉土层底高程(-11.9m)1.62m,说明现阶段该段所开挖的航道土仍为整治工程前的大风回淤土。W21+000以外和整治工程前相比发生了明显的变化。整治工程前W21+000以外粉土层厚度小,分布不连续,表层大部分为淤泥,土质特性为高塑性,疏浚是较为容易的,而2005年6月的底质勘察结果显示,W21+000以外航道内粗颗粒含量增加,W21+000~W30+000段不均匀系数平均7.27,曲率系数平均2.12,压缩性变小,密实性增高。

(3)粉土层的厚度

2005年6月的黄骅港外航道地质剖面示意图如图12.2-4所示。

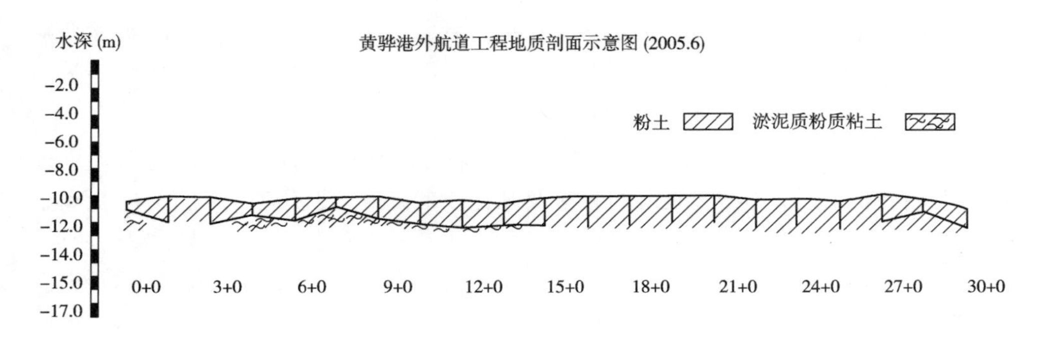

图12.2-4　2005年6月黄骅港外航道地质剖面示意图

图中地质剖面反映W30+000以内仍有连续的粉土层,在勘测深度内,粉土层厚度在0.06~2.05m,粉土层底高程为-12.52~-10.88m,平均底高程-11.96m,与2004年6月相比粉土层平均底高程下降。从纵向分布上看,掩护段的粉土层厚度在减小,掩护段以外粉土层的厚度有所增加,但航道内粉土层的平均厚度已经大幅度下降,这是航道浚深的结果。由于本次勘察钻孔深度最大为2.0m,因此从剖面图分析W1+500~W3+000段和W15+000~W27+000段粉土层厚度要大于2.05m。

由此可见掩护段内疏浚难度在降低,外侧开敞航道段疏浚难度相比整治前有一定程度的增加。

(4)标贯击数

2005年6月黄骅港外航道内贯入试验得粉土层标贯击数:最大标贯击数29击,最小标贯击数3击,平均标贯击数13.6击。和2004年3月相比基本没变。

整治工程结束后至今外航道内尚未进行标贯试验,但从粒径的分布来看,掩护段内较2005年6月应该有所不同了。

(5)沉积密实实验

整治工程后对掩护段航道内底质表层样品的沉积密实试验反映:样品沉积2~3天后的平均密实容重和整治工程前相比减小了13%,说明掩护段内底质的沉积密实速度有所减缓,这对疏浚维护是有利的。

(6)密实度

由2005年6月黄骅港外航道表层土样的塑、液性指数来看(表12.2-5), W27+000段以内表层土样均属于可塑状态,密实程度和整治工程前相比(2004年3月)

无明显变化。

2005 年 6 月黄骅港外航道表层土样塑性指数、液性指数　　表 12.2-5

<table>
<tr><td rowspan="2">里　程</td><td colspan="5">2004 年 3 月</td><td colspan="2">2005 年 6 月</td></tr>
<tr><td>ω</td><td>ω_L</td><td>ω_p</td><td>I_p</td><td>I_L</td><td>I_p</td><td>I_L</td></tr>
<tr><td>W0 +0</td><td>24.7%</td><td>29.1%</td><td>22.1%</td><td>7.0</td><td>0.37</td><td>7.3</td><td>0.77</td></tr>
<tr><td>W3 +0</td><td>25.9%</td><td>33.0%</td><td>24.2%</td><td>8.8</td><td>0.19</td><td>5.3</td><td>0.39</td></tr>
<tr><td>W6 +0</td><td>23.1%</td><td>31.4%</td><td>23.2%</td><td>8.2</td><td><0</td><td colspan="2" rowspan="3">W7 +0　7.1　0.27
W11 +0　7.6　<0</td></tr>
<tr><td>W9 +0</td><td>27.5%</td><td>34.0%</td><td>24.4%</td><td>9.6</td><td>0.32</td></tr>
<tr><td>W12 +0</td><td>26.6%</td><td>32.6%</td><td>23.0%</td><td>9.6</td><td>0.38</td></tr>
<tr><td>W15 +0</td><td>24.5%</td><td>32.1%</td><td>22.4%</td><td>9.7</td><td>0.22</td><td>6.1</td><td><0</td></tr>
<tr><td>W18 +0</td><td>25.7%</td><td>32.5%</td><td>24.7%</td><td>7.8</td><td>0.13</td><td>—</td><td>—</td></tr>
<tr><td>W21 +0</td><td>25.7%</td><td>32.7%</td><td>25.6%</td><td>7.1</td><td>0.01</td><td>7.5</td><td>0.15</td></tr>
<tr><td>W24 +0</td><td>22.8%</td><td>30.5%</td><td>20.5%</td><td>10.0</td><td>0.10</td><td>—</td><td>—</td></tr>
<tr><td>W27 +0</td><td>24.3%</td><td>30.7%</td><td>23.8%</td><td>6.9</td><td>0.07</td><td>6.3</td><td>0.22</td></tr>
<tr><td>W30 +0</td><td>29.1%</td><td>31.5%</td><td>22.1%</td><td>9.4</td><td>0.74</td><td>—</td><td>—</td></tr>
<tr><td>平均</td><td>25.4%</td><td>31.8%</td><td>23.3%</td><td>8.5</td><td>0.25</td><td>—</td><td>—</td></tr>
</table>

说明:表中各项符号同前。

(7)粒径组成

分析结果表明,2005 年 6 月和 2004 年 3 月相比 $d < 0.005$ mm(粘粒)的含量在 W27 +000 以内全部增加,只在 W30 +000 的一个测点细颗粒含量减小,航道内回淤物质的粘粒含量则大幅度提高,到 2006 年 3 月,掩护段以内回淤物质的粘粒含量又提高到了一个新的水平,从这个变化过程来看,掩护段航道内的回淤物质已经发生了根本性的改变,不再以刷滩泥沙为主,而是依悬移质形式进入航道落淤的泥沙为主(图 12.2-5)。

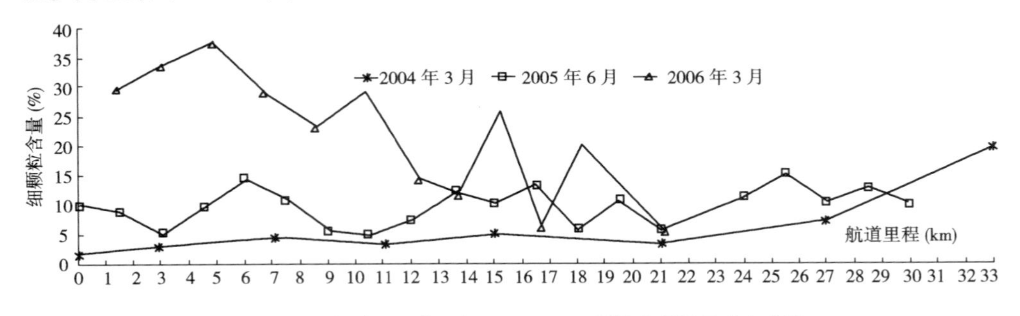

图 12.2-5　整治工程前、后 $d < 0.005$mm 颗粒含量沿呈分布曲线

12.2.3.2　整治工程后疏浚船泥浆进舱浓度

“进舱浓度”能够最直观的反映疏浚土的可挖性。图12.2-6中绘出了整治工程前、后的航道内平均泥浆进舱浓度分布曲线,可见整治工程前(2002年5月和2004年3月)航道内各段的进舱浓度基本维持在14%~16%之间,变化不大;到2005年5月航道内疏浚船舶的泥浆进舱浓度有了较大的提高,沿程进舱浓度在17.59%~26.19%之间,平均进舱浓度21.53%;整治工程结束后,到2006年3月全航道的泥浆进舱浓度已经达到了27.14%,疏浚效率明显提高。

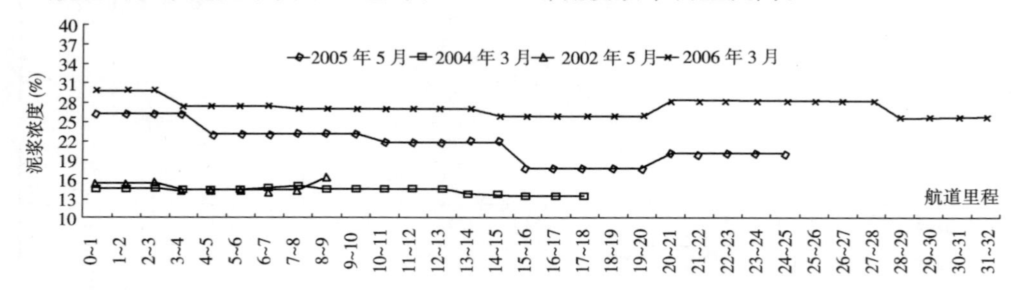

图12.2-6　整治工程前、后泥浆进舱浓度过程线比较

从整治工程后疏浚船舶的进舱浓度线可见航道内沿程进舱浓度的分布特征为:W0+000~W3+000段的进舱浓度最高,平均为29.78%;其次W20+000~W28+000段,平均为28.03%;再次W4+000~W14+000段,平均为27.01%;泥浆进舱浓度较低段为W15+000~W20+000和W25+000~W32+000段,浓度分别为25.84%和26.63%。航道内最低进舱浓度与整治工程前相比提高了约11%。

可见,整治后航道的疏浚维护情况明显好转,掩护段以内的疏浚改善情况最好,外侧开敞段次之。

需要指出的是,进舱浓度的提高不能仅归结于延堤的工程效果,因为疏浚船舶在本区长期施工作业所积累的经验及施工机械及方法的改进,也对泥浆进舱浓度的提高起了重要的作用。

12.2.4　可挖性改善的原因

主要有以下三个原因:

(1)新防波堤拦截了滩面上的底部泥沙,包括高浓度含沙水体和推移质,使进入航道内粗颗粒泥沙锐减,使细颗粒含量相对增加,进而改善了航道内泥沙的粒径组成,降低了掩护段内航道底沙的密实度。

(2)新建防波堤延伸出破波线以外。掩护了大风淤积的强淤位置,难挖段一般又位于大风淤积的强淤段,故可挖性必然会有所提高。

(3)疏浚船舶在本区长期施工作业所积累的经验,以及因本地泥沙的特点而进行的疏浚机械和方法的改进,也大大提高了疏浚效率。

12.2.5 淤积重心的变化

淤积重心是指航道内淤积土物理重心的位置,可由下式近似求得。

$$X=\frac{\sum(\Delta h_i x_i)}{\sum\Delta h_i}$$

式中:X 为淤积重心位置;x_i 为航道内的不同里程;Δh_i 为与之对应的淤积厚度。

以整治工程前、后 8 场典型的大风淤积为依据经整理计算后得表 12.2-6 所示结果。

整治工程实施后,航道内淤积土的重心位置明显的外移。整治前大风淤积重心的平均位置约为航道里程 7~8km,整治工程实施后淤积重心的位置已经外移至航道里程约 15~16km,淤积重心外推约 7km 左右,淤积重心距抛泥区的距离缩短了约 7km。总体来讲,淤积重心的外移对降低疏浚维护费用、降低能耗起到了积极的作用。

淤积重心统计表　　表 12.2-6

<table>
<tr><td rowspan="3">整治前</td><td>日期</td><td colspan="6">2003.10.11 | 2002.4.21 | 2002.10.17 | 2003.9.17 | 2003.11.6</td></tr>
</table>

整治前	日期	2003.10.11	2002.4.21	2002.10.17	2003.9.17	2003.11.6	
	重心里程	10.2km	9.3km	6.8km	6.1km	6.0km	
	平均位置	7.7km					
整治中、后	日期	2004.11.24	2004.12.22	2005.3.10	2005.9.20	2005.10.21	2006.3.11
	重心里程	14.0km	15.6km	15.6km	13.8km	16.2km	15.1km
	平均位置	15.1km					

12.2.6 整治工程后回淤土可挖性小结

(1)D_{50}

整治工程结束之后 D_{50} 的分布特征则已经完全不同于整治工程之前,总体趋势是内小外大,有掩护段的航道内 D_{50} 明显减小,W10+500 以内 D_{50} 平均为 0.127mm。

新口门外的开敞航道段和整治前相比泥沙中值粒径变大,原因与航道的浚深及开挖段的外延导致航道内底质的扰动,在水力筛选的作用下,将细颗粒带走,粗颗粒沉积有关,同时滩面泥沙粗化和抛泥区泥沙扩散的影响可能存在。

(2)密实性

回淤土粒细颗粒增加,特别是掩护段内增加幅度较大,但密实性变化不大,总体来讲仍属级配较好可压缩性小的土质。

(4)粘粒含量

$d < 0.005$mm(粘粒)的含量增加,说明整治工程后大风天进入掩护断航道的回淤泥沙中细颗粒含量所占比例有所增加,进入航道的粗颗粒有所减少。

(5)泥浆进舱浓度

整治工程前(2002年5月和2004年3月)航道内各段的进舱浓度基本维持在14%~16%之间,变化不大,到2005年5月航道内疏浚船舶的泥浆进舱浓度有了较大的提高,沿程进舱浓度在17.59%~26.19%之间,平均进舱浓度21.53%;整治工程结束后,到2006年3月全航道的泥浆进舱浓度已经达到了27.14%,疏浚效率明显提高。

(6)整治工程实施后,大风淤积的重心位置明显的外移。淤积重心外推约7km左右,重心距抛泥区的距离缩短了7km左右。淤积重心的外移对降低疏浚维护费用以及减小能耗起到了积极的作用。

12.3 通航水深的改善

12.3.1 问题的提出

黄骅港外航道整治工程的主要目的是提高外航道在遭受到大风淤积后的通航水深,保证港口生产运营不受影响,这比单纯的减少淤积量更显重要。因此大风淤积后航道通航水深的改善情况也是评价整治工程效果的一个至关重要的指标。

黄骅港一期工程的设计通航水深外航道底标高为-9.5m,1998年试开挖,2000年正式开工,2001年进一步提高标准至底标高为-11.5m,但在施工过程中,屡次遭大风袭击,骤淤不断,外航道始终未达标。2004年5月防沙堤延伸工程动工,2004年8月南北两堤堤头延伸至W10+500左右,堤头由-2.5m延伸至-5.6m。堤顶标高为±0m,随后堤顶标高进一步加高至+3.5m,至2005年9月整治工程全面竣工,这期间通航水深总体保持在-10m左右,且疏浚清淤效率比较理想。工程结束后至今,航道水深一直稳步地增深,目前为止通航水深已达-13.0m以上,通航情况得到了根本性的改善。

12.3.2 整治工程实施后大风后水深情况

(1)第一次(2004年9月6日)

2004年9月6日大风前、后水深基本情况见表12.3-1。

2004 年 9 月 6 日大风前、后水深基本情况表　　　　表 12.3-1

内　　容	风前(9 月 1 日)	风后(9 月 7 日)
外航道最大水深及位置	9.4m,W12 +8 附近	9.2m,W12 +8 附近
外航道最小水深及位置	8.4m,W0 +7 附近	8.4m,W0 +7 附近
外航道平均水深	8.9m	8.8m
外航道水深变化量最小值及位置	0.0m,W6 +0 以内	
外航道水深变化量最大值及位置	0.4m,W10 +5 附近	
外航道平均水深变化量	0.1m	

2004 年 9 月 6 日为 NE 向一般大风,重现期为每年一遇。大风前航道内平均水深 8.9m,最大水深 9.4m,最浅段位于 W0 +700 附近,最小水深为 8.4m;大风后航道内平均水深变为 8.8m,最大水深 9.2m,最浅段位于 W0 +700 附近,最小水深为 8.4m,淤积最重区域位于 W10 +500 附近。

(2)第二次(2004 年 9 月 14—15 日)

2004 年 9 月 14—15 日大风前、后水深基本情况见表 12.3-2。

2004 年 9 月 14—15 日大风前、后水深基本情况表　　　　表 12.3-2

内　　容	风前(9 月 9 日)	风后(9 月 16 日)
外航道最大水深及位置	9.3m,W12 +8 附近	9.1m,W2 +8 ~ W3 +0 段,W12 +8,W14 +1
外航道最小水深及位置	8.7m,W2 +5,W7 +4 ~ W7 +3,W8 +1,W10 +5,W10 +9,W11 +3	8.4m,W8 +1 附近
外航道平均水深	8.9m	8.7m
外航道水深变化量最小值及位置	0.0m,2 +0 ~ 3 +0 段	
外航道水深变化量最大值及位置	0.4m,8 +1 ~ 10 +0 段	
外航道平均水深变化量	0.2m	

2004 年 9 月 14—15 日为 NNE 向一般大风,重现期为每年一遇。大风前航道内平均水深 8.9m,最大水深 9.3m,最小水深为 8.7m;大风后航道内平均水深变为 8.7m,最大水深 9.1m,最浅段位于 W8 +100 附近,最小水深为 8.4m,淤积最重区域位于 W8 +100 ~ W10 +000 段。

(3)第三次(2004 年 10 月 25 日)

2004 年 10 月 25 日大风前、后水深基本情况见表 12.3-3。

2004年10月25日大风前、后水深基本情况表 表12.3-3

内　　容	风前(10月23日)	风后(10月27日)
外航道最大水深及位置	9.9m,W24+6~W25+0段	9.8m,W24+7~W24+8段
外航道最小水深及位置	9.1m,W15+0~W15+5段和W20+1~W20+5段	8.7m,W20+2附近
外航道平均水深	9.5m	9.2m
外航道水深变化量最小值及位置	0.0m,W23+3~W23+5段	
外航道水深变化量最大值及位置	0.6m,W5+0和W18+9~W19+5段	
外航道平均水深变化量	0.3m	

2004年10月25日为E~ENE向一般大风,重现期约为每年一遇。大风前航道内平均水深9.5m,最大水深9.9m,最浅段位于W15+000~W15+500和W20+100~W20+500段,最小水深为9.1m;大风后航道内平均水深变为9.2m,最大水深9.8m,最浅段位于W20+200附近,最小水深为8.7m,淤积最重区域为W5+000附近和W18+900~W19+500段。

(4)第四次(2004年11月24日)

2004年11月24日大风前、后水深基本情况见表12.3-4。

2004年11月24日大风前、后水深基本情况表 表12.3-4

内　　容	风前(11月19日)	风后(11月27日)
外航道最大水深及位置	10.0m,W0+2和W0+8~W1+0段和W6+2和W9+9	10.0m,W0+9
外航道最小水深及位置	9.2m,W18+1和W20+1~W20+5段	8.6m,W11+0~W11+1和W15+4
外航道平均水深	9.6m	9.2m
外航道水深变化量最小值及位置	0.0m,W3+0以内和W23+0以外	
外航道水深变化量最大值及位置	0.9m,W11+5,W11+6,W12+0,W12+2,W14+3,W15+0	
外航道平均水深变化量	0.4m	

2004年11月24日为NE~ENE向大风,本次大风作用时间不长,短时阵风较强,由波况分析,重现期为4年。

大风前航道内平均水深9.6m,最大水深10.0m,最浅段位于W18+100和W20+100~W20+500段,最小水深为9.2m;大风后航道内平均水深变为9.2m,最大水深仍为10.0m,最浅段位于W11+100附近和W15+400附近,最小水深为8.6m,淤积最严重区域为W11+000~W15+000之间。

(5)第五次(2004 年 12 月 22 日)

2004 年 12 月 22 日大风前、后水深基本情况见表 12.3-5。

2004 年 12 月 22 日大风前、后水深基本情况表 表 12.3-5

内　　容	风前(12 月 21 日)	风后(12 月 25 日)
外航道最大水深及位置	10.0m,W1 +0 附近	10.0m,W1 +2 附近
外航道最小水深及位置	9.3m,W10 +9 ~ W11 +1 段	9.0m,W11 +0 ~ W11 +3 段
外航道平均水深	9.7m	9.5m
外航道水深变化量最小值及位置	0.0m,W8 +0 以内	
外航道水深变化量最大值及位置	0.5m,W16 +8 ~ W17 +0,W17 +4 ~ W17 +5	
外航道平均水深变化量	0.2m	

2004 年 12 月 22 日为 NE ~ ENE 向一般大风,重现期为每年一遇。大风前航道内平均水深 9.7m,最大水深 10.0m,最浅段位于 W10 +900 ~ W11 +100 段,最小水深为 9.3m;大风后航道内平均水深变为 9.5m,最大水深 10.0m,最浅段位于 W11 +000 ~ W11 +300 段,最小水深为 9.0m,淤积最严重区域为 W16 +800 ~ W17 +500 之间。

(6)第六次(2005 年 3 月 10—12 日)

2005 年 3 月 10—12 日大风前、后水深基本情况见表 12.3-6。

2005 年 3 月 10—12 日大风前、后水深基本情况表 表 12.3-6

内　　容	风前(3 月 3 日)	风后(3 月 13 日)
外航道最大水深及位置	10.0m,W13 +2 ~ W14 +5	10.0m,W13 +6 ~ W14 +0
外航道最小水深及位置	9.5m,W0 +0 ~ W0 +3,W1 +4 ~ W2 +4,W10 +8 ~ W11 +4	9.2m,W17 +3 ~ W17 +5
外航道平均水深	9.7m	9.5m
外航道水深变化量最小值及位置	0.0m,W8 +0 以内	
外航道水深变化量最大值及位置	0.4m, W14 +1 附近,W16 +7 ~ W17 +1,W17 +4 ~ W17 +6,W19 +6 ~ W20 +0	
外航道平均水深变化量	0.2m	

2005 年 3 月 10—12 日为 ENE 向大风,本次大风强度不大,作用历时较长,属于 1 年一遇的大风过程。

大风前航道内平均水深 9.7m,最大水深 10.0m,最浅段位于老口门附近及 W10 +800 ~ W11 +400 段,最小水深为 9.5m;大风后航道内平均水深变为 9.5m,最大水深 10.0m,最浅段位于 W17 +300 ~ W17 +500 段,最小水深为 9.2m,淤积最严重在 W16 +700 ~ W20 +000 段。

(7)第七次(2005 年 8 月 8—9 日)

2005 年 8 月 8—9 日大风前、后水深基本情况见表 12.3-7。

2005 年 8 月 8—9 日为 N ~ NE 向大风,本次大风过程,风强度不大,受台风影响增水明显,属于 1 ~2 年一遇的大风过程。

大风前航道内平均水深 10.91m,最大水深 11.5m,最浅段位于老口门附近及 W26 +000 ~ W27 +000 段,最小水深为 10.43m;大风后航道内平均水深变为 10.31m,最大水深 11.2m,最浅段位于 W26 +000 ~ W27 +000 段,最小水深为 10.31m,淤积最严重在 W11 +000 ~ W18 +000 及 W4 +000 以内两段。

2005 年 8 月 8—9 日大风前、后水深基本情况表 表 12.3-7

内　　容	风前(8 月 3 日)	风后(8 月 10 日)
外航道最大水深及位置	11.5m,W13 +8	11.2m,W18 +3 ~ W18 +5
外航道最小水深及位置	10.43m,W26 +0 ~ W27 +0	10.31m,W26 +0 ~ W27 +0
外航道平均水深	10.91m	10.67m
外航道水深变化量最大值及位置	0.44m,W13 +8 ~ W14 +1	
外航道平均水深变化量	0.24m	

(8)第八次(2005 年 9 月 20 日)

2005 年 9 月 20 日为 ENE 向大风,本次大风过程风强度不大,从风能来看属于 1 ~2 年一遇,但较大波浪(1.0m 以上)持续 34 小时。。

大风前航道内平均水深 11.4m,最大水深 11.85m,最浅段位于 W3 +000 ~ W4 +000,最小水深为 11.24m;大风后航道内平均水深变为 11.3m,最大水深 11.6m,最浅段位于 W11 +000 ~ W12 +000 段,最小水深为 11.03m。2005 年 9 月 20 日大风前、后水深基本情况见表 12.3-8。

2005 年 9 月 20 日大风前、后水深基本情况表 表 12.3-8

内　　容	风前(9 月 19 日)	风后(9 月 26 日)
外航道最大水深及位置	11.85m,W13 +0 ~ W14 +0	11.6m,W24 +0 ~ W25 +0
外航道最小水深及位置	11.24m,W3 +0 ~ W4 +0	11.03m,W11 +0 ~ W12 +0
外航道平均水深	11.4m	11.3m
外航道水深变化量最大值及位置	0.63m,W10 +0 ~ W11 +0	
外航道平均水深变化量	0.1m	

(9)第九次(2005 年 10 月 21 日)

2005 年 10 月 21 日大风风向为 ENE 向,6 ~7 级风持续 11 小时,从风能来看属

于 1 ~2 年一遇，较大波浪(1.0m 以上)持续 32 小时。

大风前航道内平均水深 11.6m，最大水深 12.0m，最浅段位于 W28 +000 ~ W29 +000，最小水深为 10.9m；大风后航道内平均水深变为 11.4m，最大水深 11.73m，最浅段位于 W15 +000 ~ W16 +000 段，最小水深为 11.16m。大风前、后水深基本情况见表 12.3-9。

2005 年 10 月 21 日大风前、后水深基本情况表 表 12.3-9

内　　容	风前(10 月 19 日)	风后(10 月 24 日)
外航道最大水深及位置	12.0m，W13 +0 ~ W14 +0	11.73m，W13 +0 ~ W14 +0
外航道最小水深及位置	10.9m，W28 +0 ~ W29 +0	11.16m，W15 +0 ~ W16 +0
外航道平均水深	11.6m	11.4m
外航道水深变化量最大值及位置	0.65m，W14 +0 ~ W15 +0	
外航道平均水深变化量	0.2m	

(10)第十次(2006 年 3 月 11—12 日)

2006 年 3 月 11—12 日大风风向 ENE 向转 N 向，3 月 11 日 ENE 向 6 级风持续 6 小时，但较大波浪(1.0m 以上)持续 18 小时；3 月 12 日 N 向 6 级风持续 14 小时，较大波浪(1.0m 以上)持续 17 小时以上。从风能来看属于 1 ~2 年一遇。

大风前航道内平均水深 12.82m，最大水深 13.63m，最浅段位于 W14 +000 ~ W15 +000，最小水深为 12.42m；大风后航道内平均水深变为 12.77m，最大水深 13.62m，最浅段位于 W14 +000 ~ W15 +000 段，最小水深为 12.34m。大风前、后水深基本情况见表 12.3-10。

2006 年 3 月 11—12 日大风前、后水深基本情况表 表 12.3-10

内　　容	风前(3 月 7 日)	风后(3 月 14 日)
外航道最大水深及位置	13.63m，W28 +0 ~ W29 +0	13.62m，W28 +0 ~ W29 +0
外航道最小水深及位置	12.42m，W14 +0 ~ W15 +0	12.34m，W14 +0 ~ W15 +0
外航道平均水深	12.82m	12.77m
外航道水深变化量最大值及位置	0.38m，W15 +0 ~ W16 +0	

(11)第十一次(2006 年 11 月 21 日)

2006 年 11 月 21 日大风风向为 ENE 向风，风能属 1 ~2 年一遇，略强于 2005 年 8 月台风“麦莎”过境时的大风能量。$H_{1/3}$波，1 ~2m 波高 34 小时，2 ~3m 波高 18 小时，3m 以上波高 3 小时，最大有效波 3.37m，大于 1m 有效波总历时 55 小时。

风前航道内平均水深 13.44m，最浅段位于 W11 +000 ~ W12 +000，最小水深为 13.23m；大风后航道内平均水深变为 13.02m，最浅段位于 W17 +000 ~ W18 +

000段,最小水深为12.47m。大风前、后水深基本情况见表12.3-11。

2006年11月21日大风前、后水深基本情况表 表12.3-11

内　　容	风前(11月17日)	风后(11月24日)
外航道最大水深及位置	14.36m,W27+0~W28+0	13.54m,W4+0~W5+0
外航道最小水深及位置	13.23m,W11+0~W12+0	12.47m,W17+0~W18+0
外航道平均水深	13.44m	13.02m
外航道水深变化量最大值及位置	0.84m,W15+0~W16+0	

(12)第十二次(2007年3月3—4日)

2007年3月3—4日大风向为ENE转N向,其中ENE~NE向15小时,NNE~N向37小时,以北向风为主。-6.5m水深处测波资料显示,1~2m波高39小时,2~3m波高29小时,3m以上波高5小时,有效波高大于1m总历时73小时。无论从大风能量还是从波浪能量来看均为整治工程结束至今最大。大风有效风能重现期为5~6年。

风前航道内平均水深14.29m,最浅段位于W10+000~W11+000,最小水深为13.39m;大风后航道内平均水深变为13.93m,最浅段位于W16+000~W17+000段,最小水深为12.79m。大风前、后水深基本情况见表12.3-12。

2007年3月3—4日大风前、后水深基本情况表 表12.3-12

内　　容	风前(3月1日)	风后(3月6日)
外航道最大水深及位置	14.41m,W19+0~W20+0	14.32m,W24+0~W25+0
外航道最小水深及位置	13.39m,W10+0~W11+0	12.79m,W16+0~W17+0
外航道平均水深	14.29m	13.93m
外航道水深变化量最大值及位置	0.95m,W16+0~W17+0	

12.3.3　通航水深的改善

(1)“大风淤积后通航水深比”

每次大风淤积后都会降低外航道的可利用水深,然每次淤积的影响程度不同,需有指标来衡量,今定义“大风淤积后通航水深比”(简称“通航水深比”)为指标来反映因淤积而造成外航道水深的变化,公式如下:

$$\text{通航水深比} = \frac{h_{\text{风后最浅水深}}}{h_{\text{风前水深}}}$$

“通航水深比”是航道遭受大风淤积后可利用水深所占淤前水深的比率,能够

反映淤积后航道剩余水深的通航能力，每次大风淤积均有该指标，“通航水深比”越大表明淤积后航道剩余水深通航能力越大，反之表明航道剩余水深通航能力越小；“通航水深比”≤1。

（2）“通航水深变化率”

要分析整治工程的建设对于改善航道通航水深的效果，就必须比较整治前、后航道的通航水深情况，用指标“通航水深变化率”来衡量整治工程对航道水深的改善情况。公式如下：

$$\text{通航水深变化率} = \frac{\text{整治后“通航水深比”} - \text{整治前“通航水深比”}}{\text{整治前“通航水深比”}} \times 100\%$$

“通航水深变化率”反映整治工程对航道遭受大风淤积后的水深改善情况，能够衡量整治工程对于提高淤后航道剩余水深通航能力的效果如何。该指标由同一场大风在整治前、后的两个“通航水深比”决定。“通航水深变化率”越大说明整治工程对于提高淤后航道剩余水深的效果越好。

（3）通航水深变化汇总表

整治工程以来历次大风淤积后的水深变化情况列于表12.3-13中。

历次大风通航水深变化汇总表 表12.3-13

大风日期	整治前同等条件下大风淤积实测	整治后大风淤积实测	通航水深变化率 η
	通航水深比 h_{min}/h_0	通航水深比 h_{min}/h_0	
2005.8.8—9	0.88	0.94	7%
2004.11.24—25	0.70	0.90	29%
2005.3.10	0.88	0.95	8%
2004.10.25	0.86	0.92	7%
2004.9.14—15	0.88	0.93	6%
2004.9.6—7	0.88	0.94	7%
2004.12.22	0.88	0.93	6%
2005.9.20	0.89	0.96	8%
2005.10.21	0.88	0.96	9%
2006.3.11—12	0.90	0.96	7%
2006.11.21	0.88	0.92	5%
平均	0.86	0.94	9%

说明：该表中整治前情况的选取参见第五章。

从表12.3-13中可知,整治工程实施以来的历次大风的“通航水深比”在0.90~0.96之间,平均为0.94,说明一般大风淤积后航道水深的94%仍可利用,而工程后的几次大风显示淤积后航道可利用水深已经达到96%。而整治前如遇这几次大风,则大风淤积后航道可利用水深降为85%左右。可见整治后如遇大风淤积,航道可利用水深较整治前有明显好转。但要指出,“通航水深比”是航道遭受大风淤积后可利用水深所占淤前水深的比率,表中历次大风淤积后的剩余可利用水深均为风前水深的90%以上,但上述大风均为一般大风过程,对于重现期较高的大风过程,风后可利用水深下降是必然的。

“通航水深改善率”反映了在遭受大风之后的航道剩余水深通航能力和整治前相比的改善情况,从表中可知,航道剩余水深的通航能力和整治前相比增加了7%~29%,平均增加了9%,这一指标可用来衡量施工期一般大风淤积下的航道水深改善情况。

“通航水深改善率”与“通航水深比”这两个指标均与重现期有关,重现期越大“通航水深比”越小,剩余水深的通航能力越小,反之越大;然不同的重现期“通航水深改善率”不同,暂不能确定“通航水深改善率”与重现期的关系。

12.3.4 整治工程实施后航道水深的变化趋势

黄骅港一期工程设计航道底高程为-11.5m,能满足5万吨级煤船满载乘潮出港,二期工程设计航道底高程-12.3m,航道设计为6.5万吨标准。整治工程实施之前由于大风淤积一直未达到标准,整治工程实施后航道水深快速稳步的增加,从图12.3-1可见,2005年底水深已达5万吨级煤船满载乘潮出港要求,达到一期设计标准,2006年3月达到了二期工程航道设计标准,通航水深已经达到-13.0m以上,超出了二期设计标准,通航呈现良好态势。虽然整治工程中及工程后又遭受了数次大风的袭击,但航道水深均未出现碍航情况,经短时间的维护性疏浚,一直保持在较好且稳定的通航状态,且仍在稳步增深。

12.3.5 整治工程后通航水深改善的原因

历次大风天的淤积分布表明强淤位置发生在破波带以内,新堤已经延伸出破波线以外,航道从-6m自然水深才开始进入开敞段,堤的延伸已经掩护了原有强淤位置,从而降低了最大淤强,也就提高了风后最小水深,必然使“通航水深比”得到提高,这就是整治后航道水深改善的最主要原因。

12.3.6 通航水深小结

(1)整治工程后3个月通航水深就达到了一期设计标准,-11.5m,2006年3月达到了二期航道设计标准-12.3m,目前航道通航水深已经达到-13.0m以上并

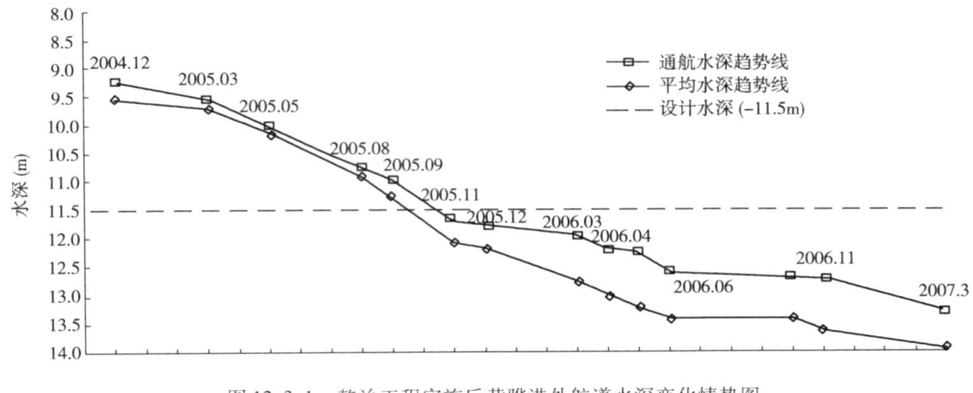

图 12.3-1 整治工程实施后黄骅港外航道水深变化情势图

仍在稳步增深。

(2)整治工程后历次大风淤积后的剩余可利用水深均在风前水深的90%以上,和整治前相比增加率为7% ~29%,平均增加了9%,通航水深的抗骤淤能力显著增强。

(3)通航水深改善的主要原因是新堤延伸出了破波带,掩护了原有强淤段,降低了最大淤强。

(4)整治工程后航道的通航水深和平均水深的变化趋势证明:采用"整治与疏浚相结合"的治理原则,是保证黄骅港通航水深快速稳步提升决定性因素。

12.4 本章结论

(1)整治工程后减淤效果明显

①抗骤淤能力加强,整治工程实施至今发生48次大风,13次明显淤积,均未影响通航;

②掩护段减淤率可达70%以上;

③口门外最大淤强明显降低;

④口外高淤强段相对工程前缩短。

(2)淤积土可挖性得到根本性改善

①疏浚船舶挖泥进舱浓度提高,工程前泥浆进舱浓度维持在14% ~16%之间;工程后泥浆平均进舱浓度已经达27%以上;

②掩护段内颗粒变细,粘土含量增加,进入航道粗颗粒泥沙减少,可挖性提高;

③难挖段消失;

④淤积重心外移约7km,缩短了抛泥距离;

⑤疏浚效率明显提高。

(3)航道水深稳步增加

①口门外大风骤淤后碍航段消失;

②航道水深逐步稳定增加,自整治工程建设以来至2006年底,每月平均增深约12cm/月,2005年底达到-11.5m,2006年底以达-13.0m以上。

13 黄骅港整治工程方案评价

13.1 问题的提出

如前所述黄骅港泥沙淤积机理有两种基本观点：一种观点认为黄骅港航道淤积主要是滩面泥沙在波浪、潮流共同作用下局部搬运所致，“波浪掀沙，潮流输沙”是黄骅港航道泥沙淤积的主要机理，沿堤流虽有一定影响但不是主导因素；另一种观点认为黄骅港航道淤积主要是沿岸流遇防波堤形成沿堤流并携带近岸高含沙量水体向外输移所致。

可见整治工程结束以后沿堤流的存在和发展与否，对整治工程的合理性以及今后如何进一步整治起到关键作用。如果沿堤流很大，且随堤身的延长而发展，对淤积起主导作用，则继续采用延堤减淤的方案是不可取的，必须采用遏止沿堤流的方案；如果沿堤流很小，且随堤身的延长而发展的很慢或随堤身的延长而有所削弱，沿堤流则仍不是淤积的主要原因，延堤减淤的整治方案是可行的。因此分析沿堤流的发展对评价延堤整治工程合理与否及考虑进一步整治起指导性的作用。

第一期整治工程方案采用双堤延伸，从老堤头向外海延伸10.5km自然水深大约为-6.0m，其中前8km段采用出水堤，顶高程为+3.5m，为了减小由于延伸防波堤而可能造成的堤头段水流强度的加大，后2.5km段采用了潜水堤，顶高程从+3.5m渐变至-1.0m。本章将从“沿堤流”和“口门局部流场”两个方面评价本工程方案。

13.2 整治工程后沿堤流与离岸流情况

13.2.1 沿堤流与离岸流的形成与特点

在风、浪、流等多因素综合作用下，近岸地区存在着十分复杂的流系，修建防波堤后，流系更加复杂，但从分析外航道骤淤角度考虑，本章着重分析防波堤外侧附近的水流情况。各种复杂流系可归纳成三大类，即：离岸流、沿堤流和堤头绕流。其特点分述如下：

离岸流：这类流系的生成动力为向岸风浪，当向岸风形成风浪后，一方面是外海风浪向岸边传播时,波高增大,至破波线处,波浪破碎,形成激流,冲向岸边,使水位抬高;另一方面是向岸风拖曳水面质点至岸边而使水位抬高,两者合成风浪增水,由于本地区岸滩平缓,破波线离岸边较远,因此风浪增水中以风增水为主,水表面因风力拖曳而向岸边推进,使岸边水位抬高,同时在水压力梯度的作用下,为平衡风增水,下层水体向离岸方向形成离岸流(图 13.2-1)。离岸流的水源是风吹的表面水流,离岸流的动力是水压力梯度,水压力梯度随离岸的距离增加而减小,水深又随离岸距离的增大而加深,因此离岸流会随离岸距离加大而减弱。沿堤流是沿堤身流动水体的总称,包括沿岸流,风吹流、浪生流、潮流等各种流遇堤阻挡后的沿堤流动,本地区沿岸流很弱,可以不计,潮流是经常性的,因此大风浪时附加的流主要是风吹流和浪生流形成的沿堤流,此外离岸流遇到堤的阻挡后也会沿堤流动而形成沿堤流的一部分。

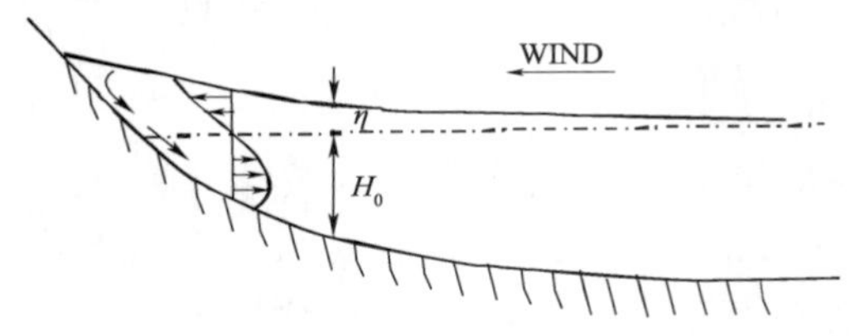

图 13.2-1　向岸风引起的风增水及底部回流

沿堤流在平面分布上的特点是在与堤身垂直的横向流速分布上,流速随与堤身的距离增加而减小,距堤身越近流速越大,在与堤身平行的纵向上,流速从堤身内段至堤头逐渐增加。由于这种流速的作用,地形发生了相应的变化,在堤外侧,沿堤形成一条冲刷沟,从堤根至堤头逐渐加深。离岸流的流速在与堤身垂直的横断面上分布较均匀,并随水深的增加而向外逐渐减弱,床面冲刷不大。

堤头绕流只在堤头处形成较大的流速,并形成较深的冲刷坑。

13.2.2　研究手段

采用现场观测、数值模拟计算、遥感卫片解读和理论分析相结合的方法,分析了一期整治工程后沿堤流的发展情况。

13.2.3　现场实测情况

有代表性的无风天大潮期北堤头外侧三个固定测站的流速过程(图 13.2-2)表明:在垂直于北堤轴线的方向上涨潮最大流速外侧大,堤根处小;三站的落潮流速相差不大,且各站涨潮流速大于落潮流速;南堤外侧涨、落潮的流速相差不大。

北堤外侧固定测点的流速横向分布上,涨潮时远离堤处的流速较大,靠近堤流速小,反映了绕流的性质。

2006 年 6 月 15 日到 16 日在航道里程 W9 + 750 和 W10 + 250 处南北堤外侧分别进行了 ADCP 的 24 小时全潮流速、流向测量。从测量结果看,自然潮流状况下(既无风天)防波堤外侧涨潮流速大于落潮,同时北堤外涨落潮流速均大于南堤外

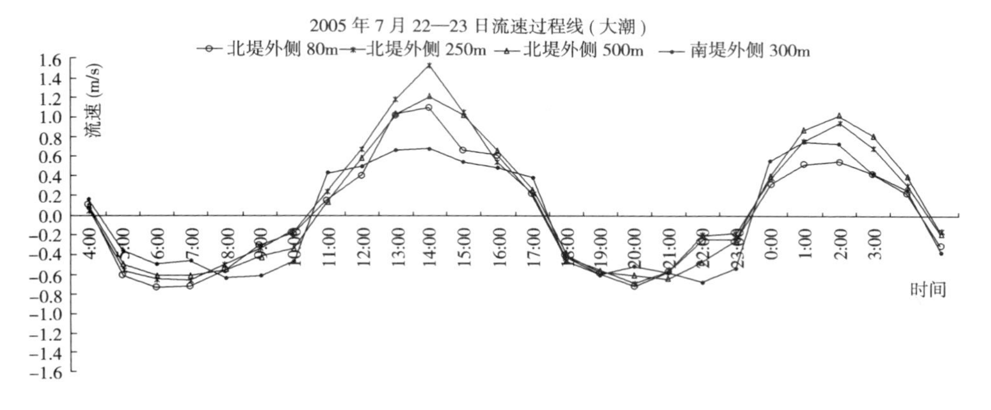

图13.2-2　大潮期北堤头外侧三站流速过程线

侧的流速(表13.2-1)。其中北堤外侧测量范围内涨潮流速是落潮流速的1.03～1.41倍,平均1.32倍;南堤外侧测量范围内涨潮流速是落潮流速的1.31～1.49倍,平均1.38倍。

从潮段平均流速在垂直防波堤的ADCP测线上的分布来看(表13.2-1和图13.2-3),北堤涨潮时,距堤200m处流速相对外侧较小,再向外流速略大,落潮时断面上流速分布较为均匀;南堤外侧在距堤200m到1000m的范围内涨落潮流速略有差别,外侧流速略大于堤根处。

因此,从上述在无风天的测流情况可以看出,在无风天(5级以下风)或无壅水条件下,防波堤的延长没有造成防波堤外侧落潮期向外水流的明显的加强,就不受大风及壅水影响的自然潮流而言,现有防波堤外侧沿堤流未见明显的发育。

防波堤外侧潮段平均流速分布(中潮)　　表13.2-1

至堤距离	北堤外侧(W9+750～W10+250)			南堤外侧(W9+750～W10+250)		
	$V_{落}$	$V_{涨}$	$V_{涨}/V_{落}$	$V_{落}$	$V_{涨}$	$V_{涨}/V_{落}$
距堤1100m	0.42	0.55	1.33	0.38	0.53	1.39
距堤1000m	0.41	0.57	1.40	0.40	0.52	1.32
距堤900m	0.43	0.57	1.34	0.38	0.49	1.31
距堤800m	0.43	0.57	1.33	0.37	0.49	1.33
距堤700m	0.43	0.61	1.41	0.36	0.50	1.38
距堤600m	0.43	0.60	1.40	0.33	0.47	1.42
距堤500m	0.43	0.59	1.38	0.35	0.46	1.33
距堤400m	0.42	0.57	1.35	0.33	0.47	1.43
距堤300m	0.43	0.53	1.23	0.32	0.46	1.44
距堤200m	0.43	0.45	1.03	0.30	0.44	1.49
平均	0.42	0.56	1.32	0.35	0.48	1.38

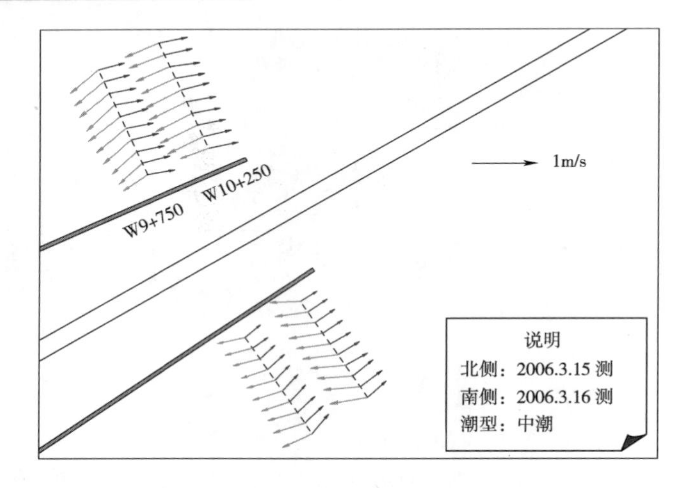

图 13.2-3　防波堤堤头外侧潮段平均流速、流向矢量分布图

大风天的情况则有所不同,从图 13.2-4 可见:N 向大风天北堤头外侧落潮时期沿堤向下的流速强度增加,大于涨潮流速,并且历时延长。南堤外侧涨、落潮流速则差异不大,只是落潮水流历时延长(原因是测点靠近堤头受绕流影响)。可见,偏北向大风天的作用下北堤外侧离岸流的加强会使沿堤下泄的水流加强,并导致落潮方向水流历时的延长。

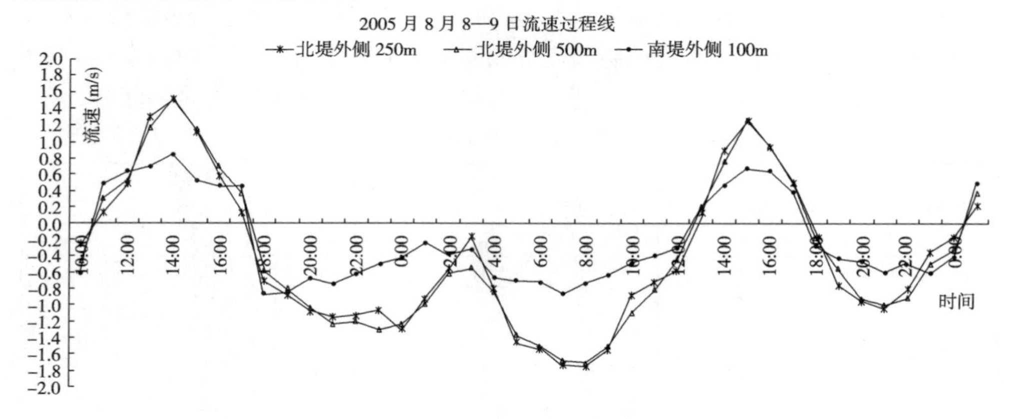

图 13.2-4　大风天(N 向)堤头外侧三站流速过程线

而在 E 向风的作用下又有所不同,如图 13.2-5 所示,当在偏 E 向风的作用下,北防波堤外侧涨、落潮流强度均未受到明显的影响,潮流历时也未见较大变化,可见不同方向的大风对沿北堤外侧下泄水流的影响是不同的。

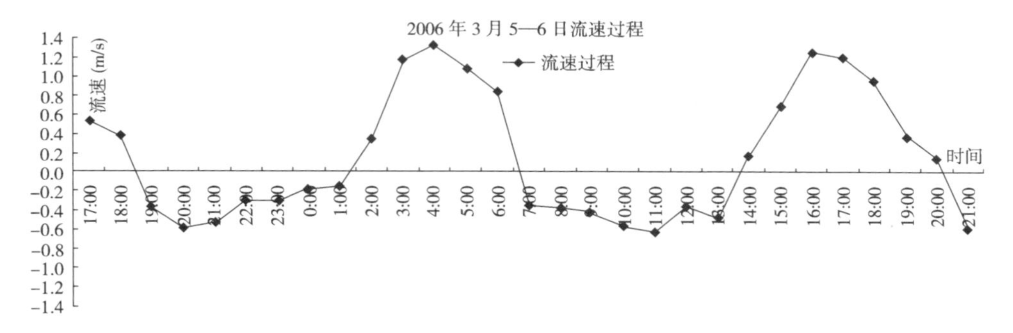

图 13.2-5　E 向大风口门附近测站流速过程线

综上所述，从防波堤外侧的实测流速可以放映出，在既无增水又无大风的自然潮流动力下，防波堤外侧落潮期无较强沿堤向下的水流。而当有在北偏西向的大风作用，并与落潮叠加，北堤外侧沿堤下泄水流会有所加强。

13.2.4　遥感卫片情况

为了解防沙堤工程兴建后该海域含沙量的分布变化及近岸悬沙的输移情况，研究中收集了部分遥感卫片对该海域的悬沙进行了分析。本节着眼于防波堤外侧水流情况，节选了其中部分内容。

防沙堤延伸前，从图 13.2-6 可知，落潮时近岸悬浮泥沙在向外海输移过程中，由于受防波堤堤头挑流作用的影响，在口门附近形成了直径约 5km 的悬沙团。

图 13.2-6　2004 年 10 月 3 日卫片及悬沙分布图

防沙堤延伸后，从图 13.2-7 ~ 图 13.2-9 分析可知，落潮时在新防沙堤口门附近水域仍然有较大范围的悬沙团，最大直径约 7km 左右，比老口门处有所增加，中心大致位于 W13 +0 航道南侧。但从近岸浑浊带与悬沙团的关系看(图 13.2-9),悬沙团泥沙的主要来源不以近岸悬沙向外输移的泥沙为主,应是防波堤外侧特别是堤头附近滩面悬扬的泥沙为主导。

图 13.2-7　2006 年 5 月 2 日

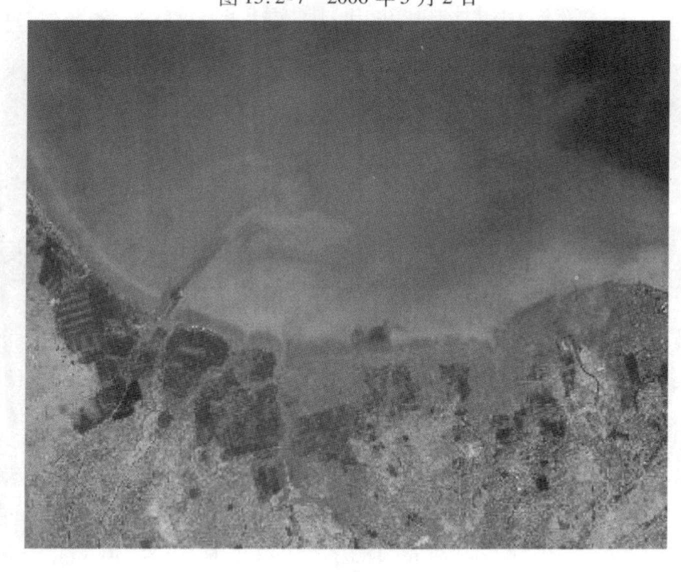

图 13.2-8　2006 年 4 月 13 日

图 13.2-9　2005 年 10 月 22 日

从水流角度来讲，堤头落潮时绕流明显，北侧落潮水流强于南侧；涨潮时堤头附近水流较为复杂，从图 13.2-10 可分析出，堤头水流可分三股(图 13.2-11)，一股

图 13.2-10　2005 年 9 月 1 日

在南防沙堤外侧向近岸水域流动、一股进入防沙堤内水域、一股绕过北防沙堤流向近岸。而落潮时期在口门附近形成的悬沙团则在这三股水流的作用下运移,其一在南防沙堤外侧沿堤向近岸运移,在堤根附近约2km范围内形成含沙量较高的悬沙区域,并随流速减弱而落淤;其二在涨潮流作用下向防沙堤内输沙,在掩护段内淤积;其三在堤头绕流作用下,向堤北近岸输移,在动力条件减小到一定程度后落淤。就整个海域的悬沙运动而言,该海域泥沙的总趋势为自岸向海,从落潮期堤头处表层悬沙的扩散范围来看,中心区最远可至W14+0左右,外围最远可以至W16+0附近,不会影响到外侧大部的开敞航道段。

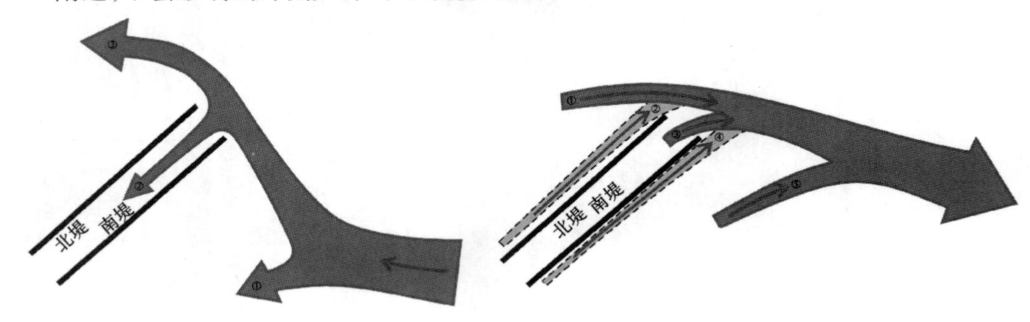

图13.2-11 门口涨、落潮示意图

13.2.5 二维潮流数值模拟情况

(1)整治工程后无风天和有风天流场的差异

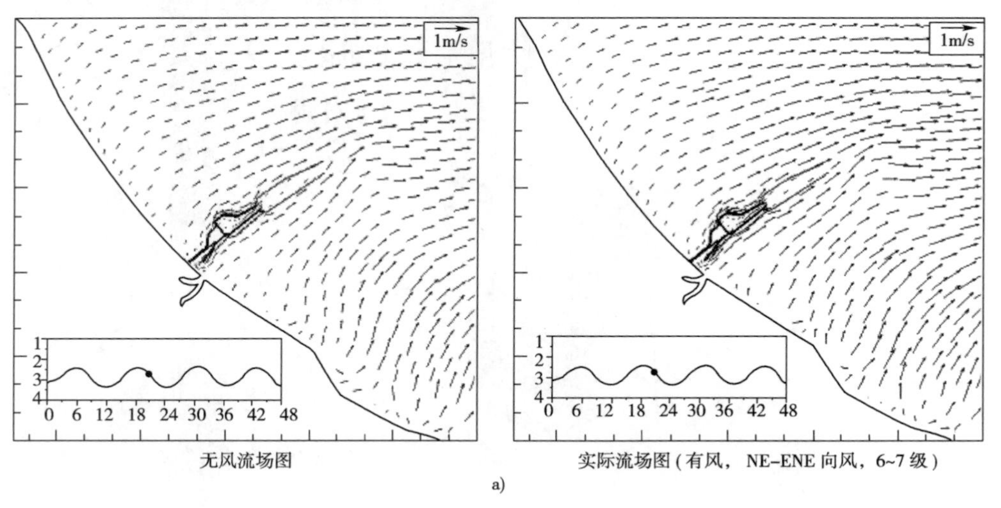

无风流场图

实际流场图(有风, NE-ENE向风, 6~7级)

a)

图 13.2-12

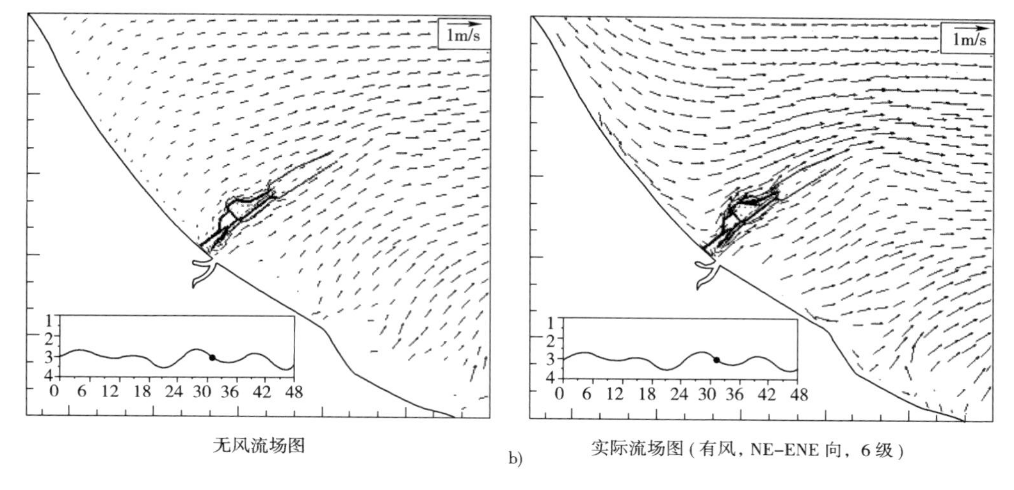

无风流场图

b)

实际流场图（有风，NE–ENE 向，6 级）

图 13.2-12　无风及有风情况下流场对比

从无风天和大风天流场比较情况来看，在不考虑风作用的情况下，计算纯潮流场堤外并不出现明显的向外水流的加强，大风作用后向外流动有明显的增强。从图 13.2-12 和计算结果可知，在一定风况和潮流组合情况下，由于风的作用向外流速增大可达 0.5m/s 以上。

（2）不同风向大风天防波堤外侧流场

图 13.2-13 ~ 图 13.2-15 为整治工程竣工后 2005 年 9 月 20 日、2005 年 10 月 21 日和 2006 年 3 月 12 日向外流速较大时刻的二维潮流数学模型的计算流场。

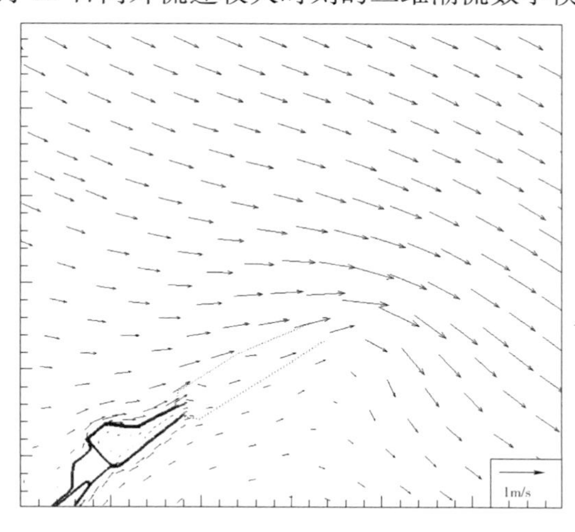

图 13.2-13　2005 年 9 月 20 日高潮位时刻流场（NE-ENE 向风，6 级）

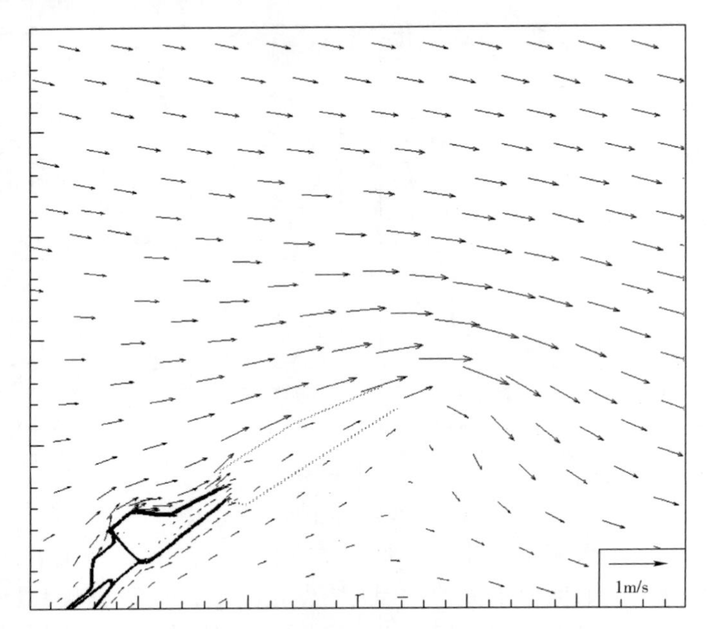

图13.2-14　2005年10月21日高潮位时刻流场(NE-ENE向风,6~7级)

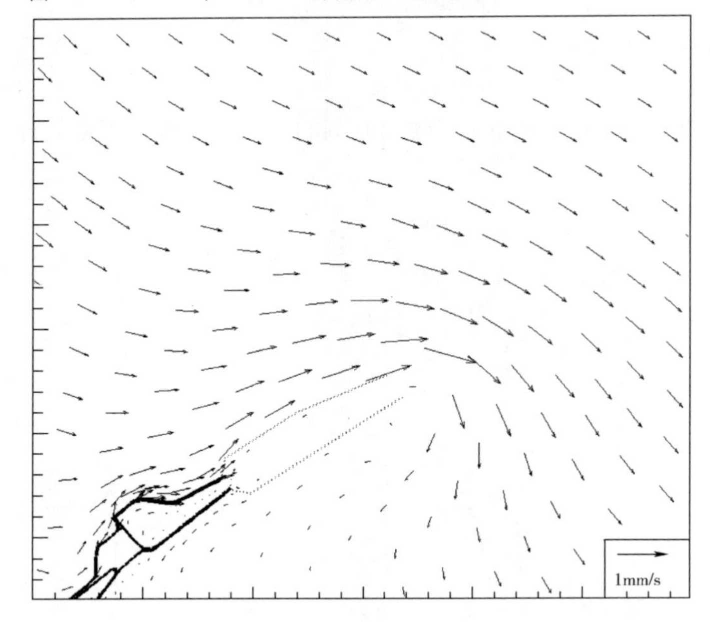

图13.2-15　2006年3月12日高潮位时刻流场(N-NNW向,6级)

由图可见，大风期间堤北附近流速有所加强，特别是北偏西向大风期间存在较大向外流速。

从计算结果可知最大平均流速分别可达1.06 m/s、1.03 m/s和0.96 m/s。高潮位时堤头附近流场表现出明显的绕流特性。

经整治工程前后流场的比较，2005年9月20日18时40分、10月21日19时20分和2006年3月12日16时30分，W10+500以外北侧向外流速最大分别增加达0.40m/s、0.45m/s和0.52m/s。

图13.2-16～图13.2-18分别显示了由于水流向外运动所造成的泥沙向外输移情况，从泥沙运动的趋势上判断，大风天北堤外侧悬沙会随落潮水流向外输移，并在口门外与航道相交，对外航道淤积有一定贡献，但从淤积量的计算结果来看，这部分泥沙给外航道造成的淤积数量有限。

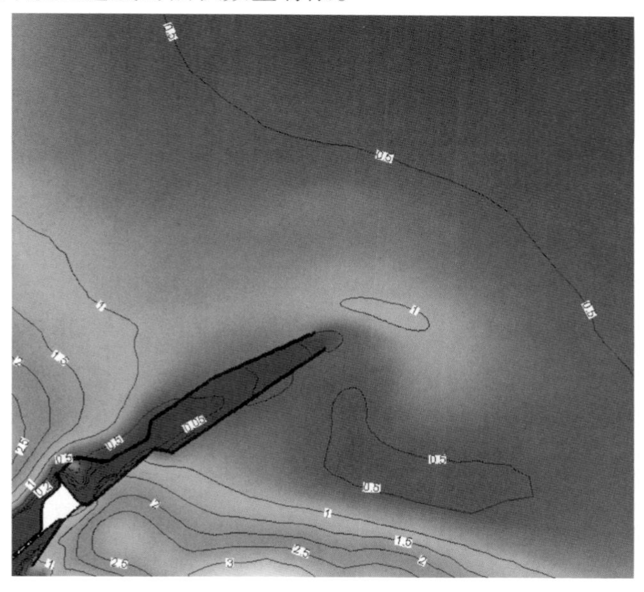

图13.2-16 2005年9月20日落急时刻泥沙场(单位:kg/m³)
(NE-ENE向风,6级)

综合实测与二维水动力计算结果可以得知：大风天沿堤向外较大水流的出现，往往和风向、潮汐的组合有关，不是在每个潮周期都出现，在北偏西风作用下是出现较大沿堤向外水流的主要原因，但造成黄骅港较大骤淤的大风却为东北到东向风，而该向风作用下又不会造成较大沿堤流，因此影响黄骅港回淤的决定性因素是波浪，沿堤流对外航道淤积虽有一定贡献，但不是主要原因。

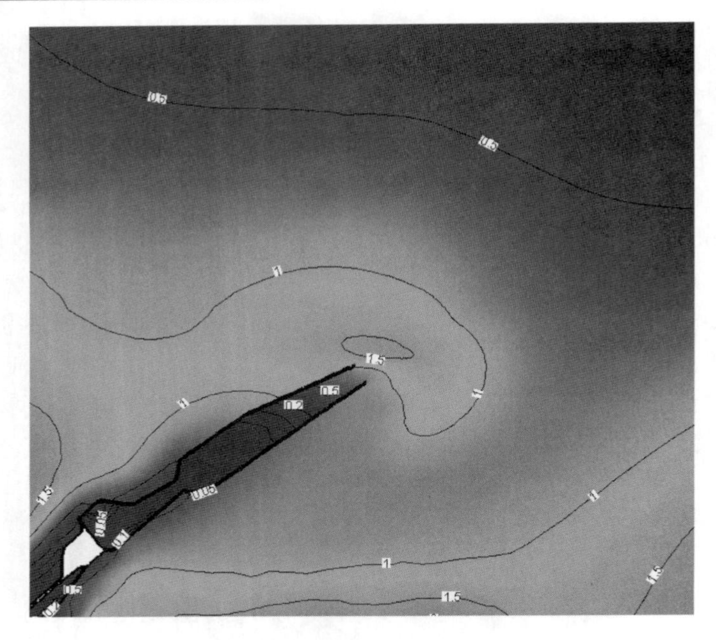

图 13.2-17　2005 年 10 月 21 日落急时刻泥沙场(单位:kg/m³)(NE-ENE 向风,6 ~ 7 级)

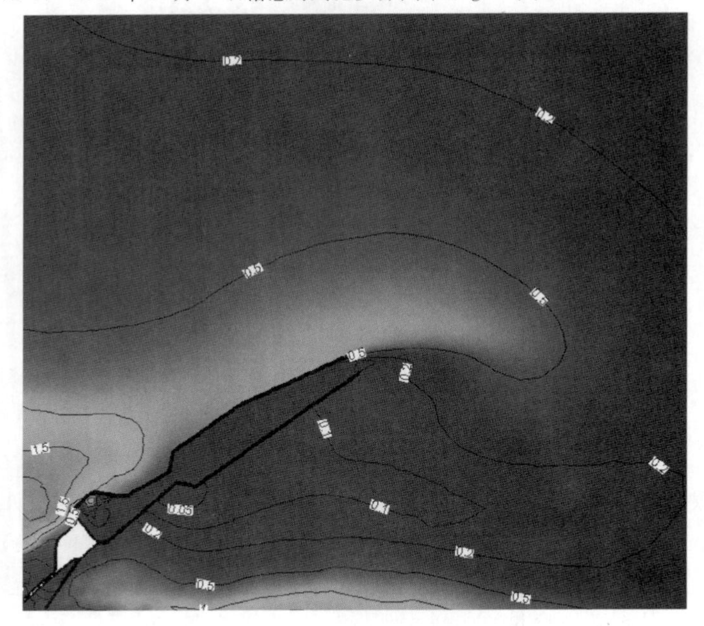

图 13.2-18　2006 年 3 月 12 日低潮位时刻泥沙场(单位:kg/m³)(N-NNW 向,6 级)

13.2.6 三维数值模拟流场情况[3]

受潮流、大风、增水等作用的影响,黄骅港近岸及防波堤附近流场及含沙量场三维特性显著,流系十分复杂,仅从二维模型还不足以反映各复杂流系对沿堤流的贡献,赵群博士建立了由"三维潮流模型","浅水波浪模型","近岸准三维波生沿岸流模型","大角度波浪折射、绕射模型"组成的系统三维模型进一步对黄骅港防波堤附近流场进行了研究。

模型对无风天、离岸风、向岸风等不同情况下的流场进行了计算,经分析认为,黄骅港口门附近流场在不同风向的大风作用下表现了不同的特点:

(1)向岸大风使近岸产生增水,其中受地形影响,南侧增水大于北侧增水;北侧涨潮沿堤流流速和涨潮历时均略有增加,但幅度不大,落潮无明显变化;南堤外落潮沿堤流的流速和历时都有明显增加,最大增幅0.4m/s,但从水流运动趋势来看,不影响外航道。

(2)偏南及偏西北风作用下有较大的风吹流和0.2m/s左右的波生沿岸流,沿岸流遇防沙堤转为沿堤流;西北风作用下,沿岸流和风吹流使堤北落潮沿堤流增加,增加幅度在0.4m/s左右,涨潮沿堤流减小;偏南风南侧涨潮沿堤流增加,落潮沿堤流减小。

可见,这与实测情况基本吻合,即向岸风沿堤流无明显加大,在北偏西向大风作用下,北堤外落潮沿堤流速有所加强。

13.2.7 从大风淤积看沿堤流

如前所述,沿堤流的出现与风向和潮汐的组合有关,离岸大风作用下沿堤流明显,向岸大风作用下沿堤流不明显,而实际发生的淤积恰与此相反,向岸大风作用下淤积严重,离岸大风作用下淤积较轻。

整治工程之前,从2002年3月—2003年11月发生了12场大风淤积,均为向岸大风,其中E向3次,ENE向6次,NE向3次。

整治工程后情况亦如此,从2005年9月整治工程竣工至今共出现6级以上大风29次,其中17次为离岸风,12次为向岸风,期间发生了6次明显的大风淤积(表13.2-2),均为向岸大风造成,可见外航道的骤淤并非沿堤流造成,沿堤流仍不是影响黄骅港外航道淤积的主要因素。

工程后造成外航道明显淤积的大风风向　　表13.2-2

日期	2005.9.20	2005.10.21	2006.3.11	2006.11.21	2007.3.3	2007.5.8
风向	ENE	ENE	ENE转N	ENE	ENE转N	ENE

13.2.8 从防波堤外侧地形变化看沿堤流对外航道淤积的影响

图13.2-19为2004年4月和2006年4月新防波堤两侧滩面水深图的比较结

果,从这两年间的地形变化来看,防波堤北侧滩面冲刷,其中北堤头附近冲刷程度最大,向内滩面冲刷程度较小;南堤潜堤段外侧冲刷,南堤内段外侧有较大面积的淤积;掩护区滩面除潜堤段冲刷,其余滩面发生淤积。

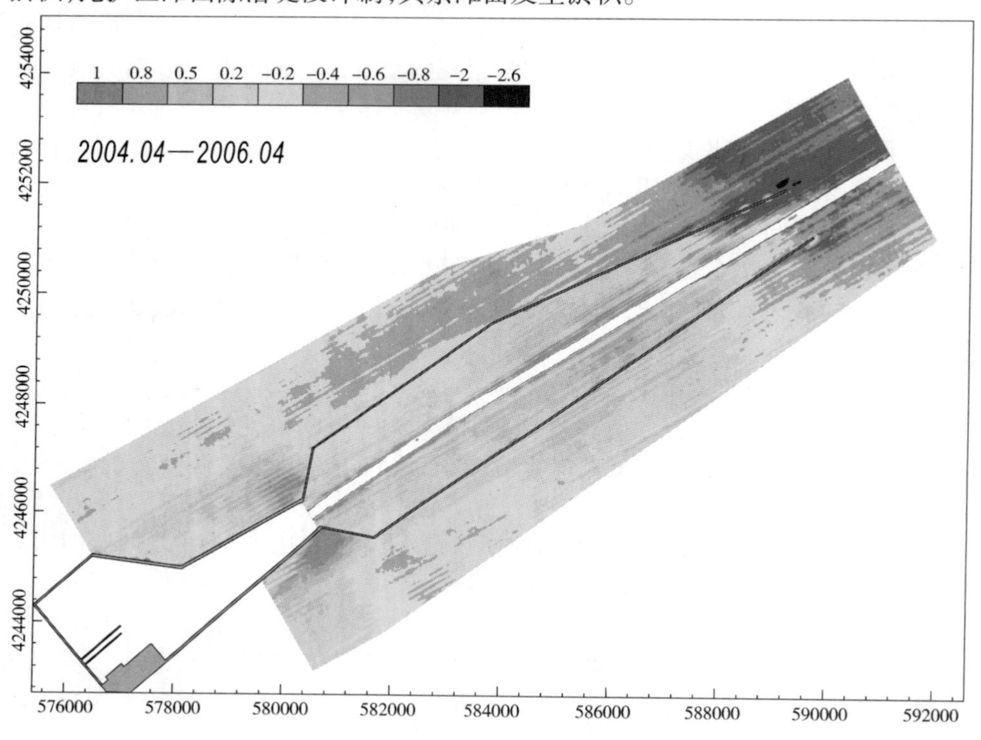

图 13.2-19 2004 年 4 月—2006 年 4 月防波堤附近滩面冲淤情势图

就北堤外的冲刷而言,有两种情况会造成滩面冲刷:一种是大浪掀起床面泥沙,被潮流携带运移,这种情况只有大风天气下才会出现;另一种是较强水流使床面泥沙起动并运移,而可能出现的较强水流又有四种:无增水和无大风情况下堤外侧的潮流,无增水和无大风情况下堤头的绕流,北侧增水造成的离岸流与落潮水流的共同作用,以及偏北向或偏西向大风的风吹流与落潮水流的共同作用。从对北防波堤外侧水流的分析结果来看,在无增水和无大风情况下的潮流强度并不突出,对堤外造成较大冲刷的可能性不大,堤头绕流只在堤头附近局部造成冲刷,其他两种水流则均有可能造成北堤外侧的冲刷,可见北堤外侧的冲刷主要受偏北向大风的影响。

虽然北堤外侧地形冲刷,但并不意味着会给外航道带来较大的淤积。首先被冲刷搬运的泥沙并不只向落潮方向移动，也不会全部落淤到航道中，其次从统计的冲刷量值来看，年均冲刷约为 200 多万 m^3，即便冲刷总量全部进入航道淤积，所占份额也很小，由此可以判断防波堤外侧泥沙被水流冲刷并进入航道落淤的数量是有限的。

再从 2006 年 4 月—2007 年 4 月的地形比较来看（图 13.2-20），南、北防波堤外侧变化不大，北堤头外侧略有冲刷。这说明，一方面，与整治工程初期的地形变化相比（图 13.2-19），地形变化放缓，正逐渐趋于平衡；另一方面，这一时期的动力条件代表一般年份，因此就一般年份而言防波堤外侧地形不会发生较大变化，也表明了现两堤外侧在水流冲刷作用而带入到下游航道的泥沙数量有限。

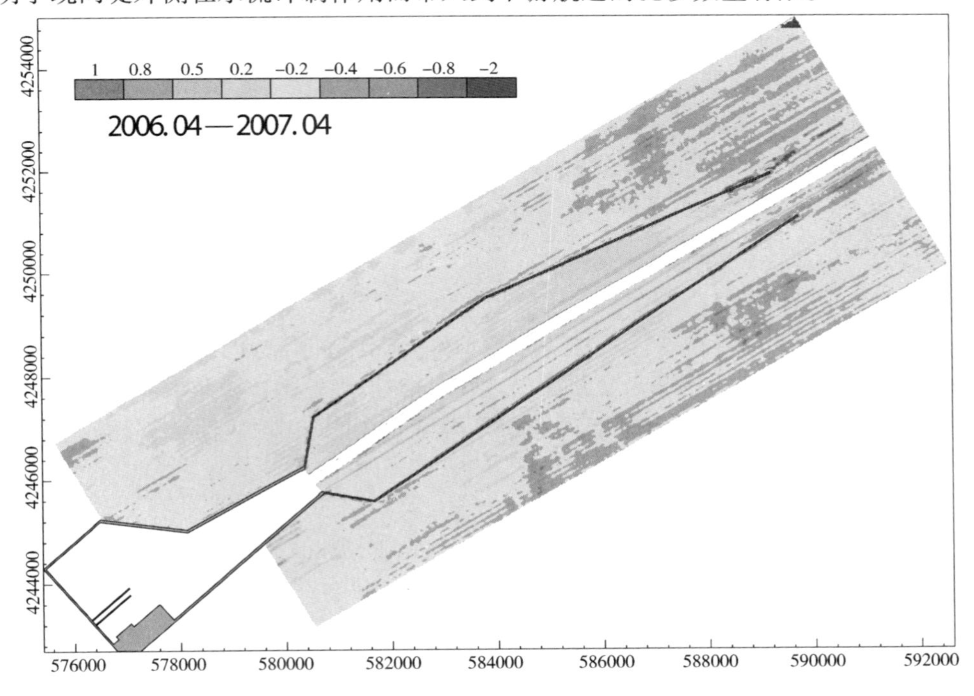

图 13.2-20 2006 年 4 月—2007 年 4 月防波堤附近滩面冲淤情势图

上述两图显示堤头附近均有冲刷，这与堤头绕流有直接关系，在堤头附近可形成一定的冲刷范围，但不足以影响外航道淤积至量级上的变化。

13.2.9 整治工程后沿堤流小结

根据口门实测流场的分布、堤外侧地形的变化、数值模拟等分析表明延堤工程后沿堤流发展不明显，对航道淤积影响不大，航道淤积主要由波浪掀沙、潮流输沙所形成,延堤减淤的整治措施是正确的。

13.3 口门局部流场情况

黄骅港航道走向59.5°~239.5°,涨潮流向240°~300°,落潮流向46°~97°。防沙堤延伸前,涨潮时期航道北侧一定海域内水体的补给有赖于航道南侧范围内跨越航道向北的水流,当防沙堤延伸出10.5km后,由于防沙堤的拦截,局部流场会发生变化,堤之北侧一定范围内水体的补给将转由防沙堤口门外一定范围内单宽流量的增大来实现,必然会在新的防沙堤头处形成较为集中的水流,影响口门段航道淤积和进出口门的船舶航行。

在初期设计时为降低堤头处较为集中的水流,黄骅港整治工程防沙堤堤头段设计成斜坡式潜堤来分散堤头较为集中的流量,降低堤头可能增大的流速。

本节结合现场实测,口门局部流场物理模型和口门局部流场三维数值模拟的结果,分析了防沙堤延伸后口门局部的流场情况。

13.3.1 现场实测情况[1]

13.3.1.1 老口门附近流场情况

(1)现场实测情况

2002年4—5月曾在老口门处进行了水文全潮测验和流路追测。其中2002年4月26日(大潮),布设四条水文断面,分别位于防波堤口门以里480m和口门以外200m、700m、1200m。每条断面布三条垂线,即航道中线和中线南、北各180m,采用流动观测。

(2)观测结果

①口门以外各测点平均流向,涨潮为255°,落潮为80°,呈WSW和ENE向,属往复流性质。

②涨潮流速大于落潮流速。涨落潮平均流速横向分布:北滩为0.47m/s,航道为0.36m/s,南滩为0.43m/s,航道流速强度低于两滩。

③涨落潮平均流速自内向外纵向分布

北滩:0.26m/s(口内)、0.52m/s、0.46m/s和0.42m/s

航道:0.25m/s(口内)、0.38m/s、0.30m/s和0.39m/s

南滩:0.12m/s(口内)、0.38m/s、0.43m/s和0.44m/s

表明口内流速明显低于口外;在口门以外,仅北滩流速自内向外呈衰减趋势,航道和南滩变化不明显。

④口门以外大潮最大流速纵向分布(表13.3-1)

表 13.3-1

	距口门	200m	700m	1200m
北滩	涨潮	0.81m/s	0.73m/s	0.53m/s
	落潮	0.97m/s	0.73m/s	0.54m/s
航道	涨潮	0.73m/s	0.40m/s	0.49m/s
	落潮	0.30m/s	0.49m/s	0.56m/s
南滩	涨潮	0.81m/s	0.54m/s	0.50m/s
	落潮	0.33m/s	0.69m/s	0.54m/s

在口门700m水域范围内，潮流速都有突出的强度，流速达0.7～1.0m/s。

⑤最大流速对应潮时

口门水域涨潮最大流速一般出现在半潮，即低潮后3小时左右，落潮一般出现在高潮和高潮后1小时。

⑥口门横流

高潮附近出现的最大落潮流速和与此对应的自北向南跨越航道的横流最具影响。该时段特征值见表13.3-2。

表 13.3-2

	潮时(高潮后)	实测流速	流向	与航道轴线交角	垂直航道流速分量
200m	1小时	0.97m/s	126°	71°	0.92m/s
700m	1小时	0.73m/s	102°	47°	0.53m/s

老口门最具影响的横流主要来自高潮时刻的自北向南的横流。

13.3.1.2　新口门附近流场情况

(1)现场测验情况

采用走航式流速仪(ADCP)，分别在航道内、航道轴线南北两侧各300m，平行于航道轴线设三条测线，巡回观测。侧线宽度从30#～31#鼓(W12+200附近)至26#～27#鼓(W8+700附近)。另在口外200m，航道南、北各300m处，设两个固定测站采用旋桨式流速仪进行全潮观测。测量潮型包括了大、中、小潮。

(2)观测结果

①潮段平均流速、流向

表13.3-3中为2005年7月、2006年3月、2006年9月三次口门处测流的大潮、中潮、小潮的潮段平均流速。

从表13.3-3中可知：在涨潮时段内口外500m范围潮段平均流速大于500m以外航道段。从历次实测的结果来看，口外500m段最大潮段平均流速为0.64m/s。落潮期潮段平均流速均在0.50m/s以下。

从潮段平均流向与航道的夹角来看,涨潮时段内流速与航道平均夹角在30°~60°之间。

新口门航道内潮段平均流速分布 表13.3-3

潮型		月份	口外 0~500m		口外 500~1000m		口外 1000~1500m		口外 1500~2000m	
			流速(m/s)	流向°	流速(m/s)	流向°	流速(m/s)	流向°	流速(m/s)	流向°
涨潮	大潮	2005.7	0.64	285	0.54	285	0.50	284	0.52	273
		2006.3	0.48	303	0.38	297	0.36	293	0.33	288
		2006.9	0.51	270	0.45	276	0.42	259		
	中潮	2005.7	0.59	279	0.50	285	0.51	278	0.49	278
		2006.3	0.41	313	0.35	297	0.31	296	0.30	289
		2006.9	0.46	275	0.45	265	0.41	254		
	小潮	2005.7	0.48	297	0.43	296	0.33	297	0.28	292
		2006.3	0.27	261	0.27	288	0.22	271	0.26	256
		2006.9	0.29	299	0.22	301	0.23	309		
落潮	大潮	2005.7	0.42	76	0.43	81	0.48	81	0.45	82
		2006.3	0.39	63	0.42	61	0.46	77	0.41	77
		2006.9	0.37	96	0.39	95	0.39	67		
	中潮	2005.7	0.38	72	0.39	65	0.40	70	0.35	71
		2006.3	0.34	92	0.37	99	0.34	75	0.34	83
		2006.9	0.31	66	0.40	58	0.40	78		
	小潮	2005.7	0.36	70	0.40	77	0.34	72	0.38	53
		2006.3	0.21	76	0.25	73	0.26	73	0.25	72
		2006.9	0.30	62	0.22	53	0.21	74		

②最大流速、流向

表13.3-4中为2005年7月、2006年3月、2006年9月三次口门处测流期的大潮、中潮、小潮最大垂线平均流速。

从表13.3-4可知:实测到的垂线平均最大流速出现在口外500m范围内的涨潮期间,测得垂线平均最大流速值为0.92m/s,从历次大潮期实测数据可见,在这一范围内无大风等条件影响时垂线平均流速最大值应在0.90m/s左右。口外500m以外的流速呈递减趋势,从历次测得结果可知,口外500m以外垂线平均流速均在0.75m/s以下。在落潮期内垂线平均最大流速发生在口外500~1000m范围内,落潮期内测得垂线平均最大流速为0.68m/s。从历次测得数据可见,落潮期垂线平均最大流速明显小于涨潮期,落潮期垂线平均流速均在0.70m/s以下。

最大流速均发生在流速与航道夹角较大时期,从表13.3-4可见,涨潮期最大流速与航道的夹角范围在60°~90°之间。

新口门航道内垂线平均流速最大时刻流速值　　表13.3-4

潮型		月份	口外 0~500m		口外 500~1000m		口外 1000~1500m		口外 1500~2000m	
			流速(m/s)	流向°	流速(m/s)	流向°	流速(m/s)	流向°	流速(m/s)	流向°
涨潮	大潮	2005.7	0.87	297	0.77	285	0.70	295	0.70	277
		2006.3	0.91	316	0.52	309	0.50	305	0.49	284
		2006.9	0.92	328	0.61	312	0.57	285		
	中潮	2005.7	0.82	300	0.70	294	0.70	287	0.70	284
		2006.3	0.81	319	0.50	287	0.45	254	0.44	300
		2006.9	0.80	293	0.72	301	0.57	290		
	小潮	2005.7	0.52	302	0.47	297	0.44	296	0.38	285
		2006.3	0.39	280	0.38	270	0.38	261	0.33	268
		2006.9	0.50	331	0.33	308	0.32	298		
落潮	大潮	2005.7	0.53	79	0.60	83	0.61	81	0.64	71
		2006.3	0.48	86	0.56	83	0.49	83	0.49	89
		2006.9	0.68	80	0.68	94	0.60	88		
	中潮	2005.7	0.43	62	0.51	72	0.52	75	0.59	78
		2006.3	0.46	93	0.52	78	0.43	84	0.39	62
		2006.9	0.59	74	0.67	72	0.68	85		
	小潮	2005.7	0.38	53	0.46	68	0.48	65	0.43	28
		2006.3	0.21	65	0.27	106	0.21	92	0.27	135
		2006.9	0.33	38	0.31	89	0.24	129		

③口门段航道内各级流速的历时分布

涨潮期口门外航道内500m范围内流速显著,其中潮段平均流速不突出,最大流速从量值上讲较大,但较大流速的发生不具有经常性。

口外 500m 范围内涨潮期间垂线平均流速在 0.75 ~1.0 m/s 的在大潮期持续时间一般在 1 小时左右,实测最长一次为 110 分钟;中潮期持续时间均在 1 小时以内;小潮期无 0.75m/s 以上流速。口外 500m 范围以外涨潮期间垂线平均流速大于 0.75m/s 的在大潮期持续时间一般在 1 小时以内,中、小潮期间无 0.75m/s 以上流速。

口外 500m 范围内涨潮期间垂线平均流速在 0.5 ~0.75m/s 的流速,历时最长一次为 220 分钟,其他一般为 1 到 1 个半小时左右。500m 以外涨潮流速在 0.5 ~0.75m/s 范围一般在 1 个小时左右。测量期间虽有水体表层流速大于 1.0m/s,但在水体垂线上流速平均值均小于 1.0m/s。这些流速发生位置也集中在口外 500m 范围内。落潮流速测量期间几乎所测得的落潮垂线平均流速均小于 0.5m/s。

可见,在涨潮期较大垂线平均流速的出现均发生于较大潮差的涨潮初期,历时普遍约 1 ~2 小时。从半个月连续的测流资料来看,口外 500m 范围内大于 0.5m/s 以上流速发生时间约占整体时间的 5.8%,不为经常性。垂线平均流速大于 1.0m/s 以上出现很少,就单纯潮流而言只有在较大潮差下涨潮初期才会在短时间内(一般历时不超 1 小时)出现大于 1.0m/s 的垂线平均流速值。

13.3.1.3 新口门段与原口门段航道内流速的比较

(1)水体垂线上最大流速比较

表 13.3-5 为涨潮时段新、老口门处水体垂线上最大流速的比较。

表 13.3-5

日　期	潮差	口外 200m		口外 700m		口外 1200m	
		流速	流向	流速	流向	流速	流向
2002.4.26	2.49m	0.86m/s	266°	0.76m/s	325°	0.56m/s	312°
2006.9.21	2.45m	1.09m/s	332°	0.99m/s	293°	0.94m/s	294°
增加量		0.23m/s		0.23m/s		0.38m/s	

从表中可见:从涨潮时段的水体垂线上最大流速来讲,现口门外三个断面的流速比老口门分别增加了 0.23m/s、0.23m/s、0.38m/s。

但是仅从“涨潮”和“涨潮”的对比仍不能反映新、老口门处水体垂线上最大流速在量值上的变化情况,因此将测量期间实测到的水体垂线流速上的最大值比较见表 13.3-6。(工程前出现于落潮期,工程后出现于涨潮期)。

表 13.3-6

日　期	潮段	口外 200m		口外 700m		口外 1200m	
		流速	流向	流速	流向	流速	流向
2002.4.26	落潮	1.02m/s	122°	0.86m/s	106°	0.64m/s	108°
2006.9.21	涨潮	1.09m/s	332°	0.99m/s	293°	0.94m/s	294°
增加量		0.07m/s		0.13m/s		0.30m/s	

从表中可见，仅从口外水体垂线上出现的最大值来讲，相差不大，仅增加了0.07m/s，但从口外一定范围内来看，水体垂线上的最大流速值有一定幅度的增加，在口外1200m 范围内平均增加了0.17m/s。

(2)垂线平均最大流速比较

表13.7-7为涨潮时段新、老口门处垂线平均流速最大值的比较。

表 13.7-7

日　期	潮差	口外 200m		口外 700m		口外 1200m	
		流速	流向	流速	流向	流速	流向
2002.4.26	2.49m	0.73m/s	275°	0.40m/s	294°	0.49m/s	269°
2006.9.21	2.45m	0.92m/s	328°	0.61m/s	312°	0.57m/s	285°
增加量		0.19m/s		0.21m/s		0.08m/s	

从表中数据可知：从涨潮时段的垂线平均的最大值来讲，现口门外三个断面的流速比老口门分别增加了0.19m/s、0.21m/s、0.08m/s；口门外一定范围内流速与航道的夹角也有所增加。

但是老口门处(W0+0)横跨航道最具影响的流速是高平潮期自航道北侧向南侧的落潮流速，因此同样不能仅比较“涨潮”和“涨潮”，再将新、老口门处的两个横跨航道流速最大值垂直航道的分量列于表13.3-8中进行比较。

表 13.3-8

日　　期	潮段	口外 200m		口外 700m	
		与航道夹角	垂直航道流速分量	与航道夹角	垂直航道流速分量
2002.4.26	落潮	71°	0.92m/s	47°	0.53m/s
2006.9.21	涨潮	91°	0.92m/s	70°	0.54m/s

从表中可见：两个最大流速垂直航道分量的大小基本一致，但要指出的是2002年4月26日所测得的最大流速发生于航道北侧边缘，而2006年9月21日所测得最大流速位于航道轴线，因此从这个角度来讲，如同样位于航道轴线处整治工程前的流速要小于工程后，从所掌握的实测值来看，综合而言整治工程前、后口门段最

显著的流速在数值上相差不大。

(3)涨潮潮段平均流速比较

上述两点的比较是基于瞬时最大流速值的比较,为此还需比较在长时段内新、老两个口门处的平均流速情况,表13.3-9列出了涨潮时期新、老口门处潮段平均流速的比较情况。

表13.3-9

日　期	潮差	口外200m		口外700m		口外1200m	
		流速	流向	流速	流向	流速	流向
2002.4.26	2.49m	0.48m/s	232°	0.28m/s	225°	0.36m/s	261°
2006.9.21	2.45m	0.51m/s	270°	0.45m/s	276°	0.42m/s	259°
增加量		0.03m/s		0.17m/s		0.06m/s	

从表中数据可知:从涨潮时段的潮段平均流速来讲,现口门外三个断面的流速比老口外分别增加了0.03m/s、0.17m/s、0.06m/s;口外一定范围流速和航道的夹角平均增加了28°左右,与航道约成34°左右的夹角。从量值上来说增加的数量有限。

(4)新、老口门较大流速历时的比较

上述三点从流速量值的角度对新、老口进行了比较,可见现口门段的流速相对于老口门段并没有发生大的变化,该段流速条件也未因防波堤的延长而变坏,恰恰反映了潜堤消能的效果。

但是,新口门处较大流速历时有所延长。以大于0.5m/s流速为例(表13.3-10),同样位于口外500m范围,在相同的潮型下新口门处历时要长1个小时左右,而500m外的一定范围内老口门处几乎很少出现0.5m/s以上流速,而新口门外在这个范围内仍会有1个小时左右大于0.5m/s的流速存在。

表13.3-10

日　期	潮差	口外500m范围内	500～1000m	1000～1500m
2002.4.26	2.49m	1小时	0小时	0.5小时
2006.9.21	2.45m	2小时	1小时	1小时

综合上述四点可见,新口门附近流速与老口门相比并没有明显加大,但同时也要指出工程后集中流速的历时有所延长。

13.3.2　口门局部流场物理模型试验情况[2]

通过现场实测资料的分析得知双堤延伸并未导致新口门处水流条件较老

口门的明显加大，显然不能定量反映出潜堤对口门段水流的影响。以下从“黄骅港防沙堤口门流态局部物理模型试验研究”中来看潜堤给口门段流场带来的变化。

试验结果显示，W8 +0 到 W10 +5 段堤顶高程提升至 +3.5m 后，航道中心线处口门段横向水流速度≥0.90m/s 的范围由 0.5km 增加到 1.20km，横向水流最大流速级变化不大，横向水流增大的范围达到了 W12 +000，航道线南北两侧各 300m 处横向水流速度≥1.00m/s 的范围也增大了 0.25km。

由此可见，现口门段潜堤对该段最大流速值的影响不大，但对于缩短口门段集中水流的范围十分有效。

13.3.3 口门局部流场三维数值模拟情况[3]

口门局部流场的三维数值模拟结果显示，如果口门段潜堤全部设置为出水堤时，口门处最大流速位置与设置潜堤相比略靠外，但总体来讲流速变化不大。设置潜堤可以使涨潮最大横向流略有减小，但幅度不大，最大流速减小小于 0.1m/s，这一点与物理模型试验的结论一致。

13.3.4 口门局部流场情况小结

从现场实测资料的比较、口门局部流场物理模型试验的结果、口门局部流场三维数值模拟结果综合分析认为：

(1)防波堤延伸使局部流场变化，但不影响整体流场；

(2)与老口门相比，工程后新口门外一定范围内流速略有加大；显著流速的范围略有扩大，且历时较老口门处延长 1 小时左右；

(3)堤头段设置成潜堤对于减小该段最大流速值作用有限，但对于缩短口门段集中水流的范围十分有效，消能效果显著。

13.4 整治后黄骅港运营的变化

随着神华集团外航道整治工程竣工和“整治和疏浚相结合”航道治理方案的实施，从 2004 年外航道整治工程开始实施黄骅港航道水深稳步浚深，2005 年底航道水深疏浚至 -11.5m 达到了黄骅港一期工程设计要求，2006 年 3 月份航道水深疏浚至 -12.3m 达到了黄骅港二期工程设计要求，2006 年底航道疏浚至 -13.0m 满足了 6 万吨的船舶全天候进出港。航道治理后，航道水深满足了港口生产需要，不断的提高航道的通过能力、船舶的装载率、港口的泊位利用率以及大大提升了港口对船东服务水平，为了港口的大发展奠定了基础。

13.4.1 航道通过能力提升

2003年港口的吞吐量为3116.13万吨,2004年港口的吞吐量为4543.015万吨,2005年港口的吞吐量为6708.82万吨,2006年港口的吞吐量为8030.05万吨,2007年预计达到8500万吨(图13.4-1);2003年进出港艘次为1423艘次,2004年进出港艘次为1902艘次,2005年进出港艘次为2450艘次,2006年进出港艘次为2808艘次;通过合理的生产组织经并结合航道的实际情况,经计算航道目前航道通过能力可达到1.2亿吨,为港口的发展预留了空间。

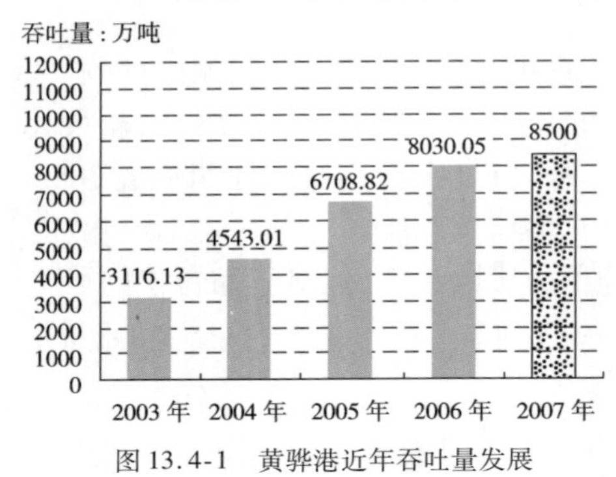

图13.4-1 黄骅港近年吞吐量发展

13.4.2 单船平均装载量和船舶的满载出港率明显提高

2003年黄骅港年单船平均装载量为2.19万吨,2004年黄骅港年单船平均装载量为2.39万吨,2005年黄骅港年单船平均装载量为2.79万吨,2006年黄骅港年单船平均装载量为2.86万吨;2003年2万吨级船舶能满载出港、2004年3.5万吨级船舶能满载出港,2005年5万吨级船舶能满载出港,2006年7万吨级船舶能满载出港;2006年3月份结束了大型到黄骅港运输船舶到天津港二次加载的历史;黄骅港船舶年单船平均装载量和船舶的满载出港率大大提高,使更多更大的船型能够进入黄骅港装货和为集团公司船东效益最大化创造了条件。

13.4.3 港口的泊位利用率得到显著提高

2003年港口泊位利用率为63.19%(一期)、2004年港口泊位利用率为73.05%、2005年港口泊位利用率为78.47%、2006年港口泊位利用率为82.45%,泊位利用率提高充分发挥了港口设备作业效率为港口和船东增加效益。

13.4.4 港口服务水平提升

航道的水深增深使得80%以上的到港船舶满载后随时进出港,港口的吞吐量不再受航道通航水深的限制,结束了中、小型船舶满载后等潮离港的历史,提高了港口泊位的年装载量,减少了运输船舶的在港时间。

航道的通航条件得到了改善,自防沙堤±0m标高合拢后航道的水文环境发生了变化,黄骅港航道没有出现运输船舶搁浅的事故;整治工程的效果明显,采取积极的航道疏浚措施,大风后航道通航水深没有变化;增加了船舶对黄骅港的信心,赢得了船东的好评。

黄骅港整治工程的实施，防沙堤减淤效果的显现、航道通航条件的改善为国家的电煤运输做出很大的贡献，也为黄骅港进一步向深水大港发展打下了坚实的基础。

13.5 本章结论

(1)整治工程实施后口门局部流场变化，但不影响整体流场；与老口门相比，工程后新口门流速略有增加；显著流速的范围略有扩大；较大流速持续的时间延长1小时左右；潜堤的设置缩短了口门段集中水流的范围，消能作用明显著；但工程后集中流速的历时延长。

(2)根据防波堤外侧实测流场的分布、堤外侧地形的变化、二三维数值模拟等分析表明整治工程后沿堤流发展不明显，对航道淤积影响不大，"波浪掀沙、潮流输沙"仍是外航道淤积的主因，延堤减淤的整治措施是正确的。

(3)整治工程采用"整治与疏浚相结合"的原则，延堤减淤、疏浚增深，实践证明：思路正确，方法合理，工程合适。

(4)整治工程后航道水深稳定增加，航行条件改善，通过能力逐步提高，港口服务水平大大提高，为建设黄骅港深水大港创造了有利条件。

参考文献

[1] 黄骅港防波堤口门流态观测分析报告. 交通部天津水运工程科学研究所，2006年9月

[2] 神华黄骅港防沙堤口门流态改善措施潮流物理模型试验研究. 交通部天津水运工程科学研究所，2007年2月

[3] 黄骅港口门局部流场的三维数值模拟. 交通部天津水运工程科学研究所，2007年6月

14 结　　语

14.1 研究结论

1. 黄骅港所属海岸是古黄河三角洲及近代黄河三角洲废弃后经过长期波浪潮流等动力塑造而成,滩面表层泥沙运动活跃,与淤泥质海岸泥沙运动特性明显不同,属粉沙质海岸。

2. 粉沙质海岸泥沙运动活跃,易起易沉,在大风浪作用下,极易发生骤淤。泥沙运动型态有悬移质、推移质和底部高浓度含沙水层,其中底部高浓度含沙水层是造成航道淤积的重要因素。

3. 黄骅港海区强风向为 E、ENE 和 NE 向,强风向与航道的夹角为 14.5°~30.5°,黄骅港外航道严重骤淤均是由这些方向大风造成。

4. 黄骅港航道一次大风骤淤量可达到数百万立方米。2003 年 10 月 10 —13 日大风造成其外航道 900 多万 m^3 的淤积,航道内局部区域最大淤强达到了 3.5m。

5. 黄骅港的淤积机理是“波浪掀沙、潮流输沙”。其外航道淤积的主因是大风浪天气破波带内高含沙量水流运动的结果。高含沙量水流在穿越航道过程中落淤,造成外航道强淤。

6. 黄骅港发生强淤后,自然水深 -7m 以内淤积物多为粉沙,可挖性差,仅依靠疏浚的单一手段不能保证船舶的正常通航。治理黄骅港外航道骤淤必须采用“整治与疏浚相结合”的原则。

7. 黄骅港航道内回淤土的主要来源是两侧滩面泥沙的就地搬运。延堤挡沙是有效的工程措施。

8. 从破波区范围、含沙量分布、减淤效果和经济效益等方面综合考虑,确定了黄骅港整治方案为:双堤延伸出破波带,并采用中水堤与潜堤相结合的方式,从原堤头以堤顶标高 +3.5m 的中水堤向外海延伸 8km,再以顶标高渐变的形式向外延伸 2.5km,堤头堤顶标高 -1.0m,堤头水深约 -6.0m。

9. 经过对黄骅港整治工程后 2 年的观测和研究表明,在防沙堤减淤、淤积土的可挖性、流场变化等方面都有明显改善。

(1)减淤效果明显,表现在:①抗骤淤能力加强,整治工程实施至今均未发生骤淤影响通航情况;②掩护段减淤率可达70%以上;③最大淤强明显降低;④口外强淤段相对工程前缩短。

(2)淤积土可挖性得到根本性改善,表现在:①疏浚船舶挖泥进舱浓度提高,泥浆平均进舱浓度达27%以上;②掩护段内颗粒变细,粘土含量增加,进入航道粗颗粒泥沙减少,以淤泥质回淤土为主;③难挖段消失;④淤积重心外移约7km,缩短了抛泥距离;⑤疏浚效率明显提高。

(3)口门局部流场变化,但不影响整体流场;与延堤前相比,工程后新口门流速略有增加;显著流速的范围略有扩大;较大流速持续的时间延长1小时左右;潜堤的设置缩短了口门段集中水流的范围,潜堤消能发挥了作用。

(4)根据新堤外侧实测流场、地形变化、二/三维数值模拟等分析表明,工程后沿堤流发展不明显,对航道淤积影响不大。

10. 对黄骅港泥沙淤积的认识和实践过程证明:本研究对黄骅港泥沙运动规律认识清晰,对淤积机理把握准确;已有整治工程对于解决黄骅港建设初期航道回淤的瓶颈问题起到了决定性作用;本书中所涉及的研究方法和结论,可为同类粉沙质海岸港口研究所借鉴。

14.2 研究启示

1. 粉沙质海岸港口工程中最大的问题是航道淤积问题,而其中又以浅水区最为严重。因此粉沙质海岸港口防沙减淤措施的关键是要解决浅水区航道的泥沙淤积,对浅水区航道必须建防沙堤。如果考虑疏浚而不辅以相应的掩护工程,则浅水区航道的泥沙淤积问题是无法从根本得以解决。

2. 粉沙质海岸建港中,为防淤,港口布置主要有三种型式:①双堤环抱式;②岛堤式;③混合式。不管何种形式,堤头位置都应伸出破波带高含沙浑浊区的边界线以外。

3. 双堤环抱式布置形式的两条防沙堤必须接岸,且浅水区段应建造高水堤,深水区可建潜水堤。而合理的堤头位置应视当地具体条件来确定,当水流主要为沿岸流时,堤头位置要超出强泥沙活动带一定距离。当水流运动与岸线交角较大时,堤头位置只要超出强泥沙活动区即可,而无需再超出一定距离。

4. 港岛式布置形式包括栈桥连接的港岛式码头、引堤端部建开敞式码头和在引堤端部建造双堤环抱式港区三种形式,后一种形式,其堤头位置的确定应与双堤环抱式平面布置中双堤堤头位置的确定原则相同,当沿岸流或沿堤流较强时,双堤环抱式的引堤可以考虑栈桥方案,避免沿岸流或沿堤流输移的近岸泥沙对非掩护段航道的影响。

5. 只要对浅水区航道进行有效的掩护或航道避开浅水区,则任何一种平面布置形式都应是可行的。